荷兰的密码

建筑师视野下的城市与设计

褚冬竹 著
Chu Dongzhu

Enigmatic Code of the Netherlands Cities, Architecture and Design through an Architect's Vision

中国建筑工业出版社

图书在版编目（CIP）数据

荷兰的密码　建筑师视野下的城市与设计 / 褚冬竹著.
—北京：中国建筑工业出版社，2012.5
ISBN 978-7-112-14336-8

Ⅰ.①荷… Ⅱ.①褚… Ⅲ.①城市规划－建筑史－荷兰
Ⅳ.①TU-098.156.3

中国版本图书馆CIP数据核字(2012)第101426号

责任编辑：陈　桦
责任校对：刘梦然

荷兰的密码
Enigmatic Code of the Netherlands
建筑师视野下的城市与设计
Cities, Architecture and Design through an Architect's Vision

褚冬竹　著
Chu Dongzhu

*

中国建筑工业出版社　出版、发行（北京西郊百万庄）
各地新华书店、建筑书店经销
北京美光设计制版有限公司制版
北京方嘉彩色印刷有限责任公司印刷

*

开本：787×1092毫米　1/16　印张：18　字数：448千字
2012年5月第一版　2012年5月第一次印刷
定价：69.00元
ISBN 978-7-112-14336-8
(22389)

荷兰驻莫桑比克大使馆,
Claus en Kaan事务所作品

当下对建筑的争论分歧表现为两类：一类大力倡导改变与重建，以促进建筑的发展；另一类则拥护历经时间考验的建筑技法与品质。

可问题是，对改变与恒久同等重视就可促进建筑设计的发展吗？或者说，对研究和既有知识也同等重视又如何呢？

规划天堂

荷兰建筑师是在高度专业化的背景下展开工作的，也正是这种专业性决定了建筑的发展与建筑师的作用。可以说，荷兰境内的每一平方米都经过了规划与设计，这个国家在空间规划、基础设施、城市开发以及建筑领域的设计历史悠久。1998年，荷兰水运局（Rijkswaterstaat，交通与水资源管理部的下属机构）庆祝了其200周年纪念。紧接着的2001年，荷兰的《住房法》（Housing Act）也度过了它的百岁生日。20世纪，政府关于空间规划已相继出台了一系列备忘录。近期，荷兰的设计依然是政府议程的一部分，而这在荷兰人看来不过是稀松平常的事情。因此，也可以说，荷兰拥有一个从事规划设计的巨大产业，建筑已成为一件可吸引广泛社会关注的"量产商品"。

这起码能引起人们的好奇。在建设过程中，建筑师与规划师常因受外界影响而需要不断调整设计。其实，在当前时代，建筑师与规划师已经没有明显的界限（确切地说是当前时代人们对建筑的兴趣浓厚程度及建筑职业的吸引力达到了空前的高度）。

根据其角色与承担任务的不同，荷兰建筑师大致分为两类：一类将自己视为专注于创意与初期设计的概念创新型建筑师（他们有意识地不去承担建造过程的其他问题）；另一类则视自己为建筑营造者，为客户提供全面服务、完整管理项目始终的建筑师（他们往往对建筑设计的初始阶段不会特别重视）。

建筑师角色的不同或许是因为自身对这个职业的诠释不同，更可能是因为建筑师的这种固有形象：一群极度重视个性标签的创意天才。

自文艺复兴时期开始，西方文化里已有了署名权。如果说中世纪的建筑师大多还默默无闻，至文艺复兴时期，建筑师的个人形象已得到更多的重视。随着时间的推移，建筑师的形象从匠人逐步发展为知识分子、艺术家和工程师，是一座建筑的总体设计者。建筑师的地位在现代主义时期达到顶峰——拥有了对整座建筑的完全控制权。

20世纪

在荷兰，中产文化占据了主流地位。数个世纪以来，权力都掌握在农场主与商人手中。工程师们设计了城市和围垦地（圩田），使之为农业、畜牧业和贸易服务，而当时的建筑艺术家（Architectural Artist）却是这个国家的异类，因为他们是为受过教育的精英阶层服务的。19世纪，欧洲工业的快速发展带来了城市化的广泛推进，荷兰也受到一定程度的影响。

由于《住房法》和空间规划法律的产生，使得这个国家在20世纪出现了彻底的规划重构。很多年来，政府在实现私有与社会住宅的建造中起到了主导作用，而住宅成为了荷兰建筑和建筑业的核心功能所在。为适应标准化住宅建筑而定制的不仅仅包括（符合当局规定的最低要求的）建筑技术和材料，还包括建筑知识与技能。其结果就是，公共建筑在极力赶超社会住宅的品质。

改变

这一切在20世纪末期发生了改变。政府突然之间改变了策略，在"解除管制"和"贸易自由化"的名义下，将各种责任都留给了市场。原来的重建道德规范（一种崇尚平等和合理的道德规范）变成了一种不再适合欧洲市场力量带来的飞速发展态势的道德与文化模式。最后，政府通过"空间备忘录"停止了自身的导向与管理职能，将几乎所有的政府政策下放到地方。建筑行业的主导力量迅速向着有利于私有企业的方向转变。伴随这种精简调整而来的是基于理性与平等原则的参考标准的终止以及提供价值的特性的终止。荷兰失去了这种保护机制，从而也失去了在空间规划这一领域独一无二的地位。

建筑竞争

几乎在同一时期（2004年），荷兰引进了一种针对所有政府项目的欧洲投标强制程序。这一程序意在刺激市场机制并防止不公平竞争，同时也成为了选择建筑师的一种强制程序。这种荒谬的程序迫使建筑师不得不再回到竞争和选择过程中。

于是，那些富有人性化设计原则且缜密、细心的建筑师被以市场为导向的建筑师所替代。后者（通过自身或与客户合作）努力实现本地政治家与公众的梦想与抱负。这种"梦想的竞争"导致了一种过度化，这种过度化演变为将对规划的重视转移到对创意与视觉效果的重视，带来的产物就是建筑商业化。固有式建筑被形象化建筑所代替。这种图像化趋势催生了一种打破传统和文脉的所有联系的强烈愿望。既然建筑形象的重叠旨在彰显自己，那么，就只有一种选择——建筑对象开始与其实际环境脱离开来。

设计师们对建筑对象的惟一关注导致了仅有一种感官体验得到重视。前几代荷兰建筑师试图从既有的现实、文化和背景上着手进行合理化设计，而新一代建筑师的尝试则是孤立的。

建筑师创造出了符合本地政治家、市场和公众意见要求的概念。直至今日，政府已经设定了任务，确定了目标受众、出发点及品质，建筑师便只需专注于设计。在现有的机制下，是由市场相关方和设计者来决定选择的。

这种只为选出一种设计的竞争机制明确地确定了建筑师与客户的关系。这种竞争鼓励建筑师完全独立行事。缺少与客户或用户的对话，项目就缺乏深度。确切地说，客户即使在困难时期，也应该具备对项目的质量进行投资的决心与意愿。建筑与设计模型的不同之处在于，设计者不可能把它扛走。例如，在建造方尚未出现的设计阶段，设计必须足以自我证明，并易于理解，以使建造方的缺席不会成为大问题。设计须足够清晰地表明其自身即足以向评审团以及用户、客户及公众进行诠释。

未曾改变的

建筑所涵盖的领域似乎是没有界限的。建筑作为公众争论的一个对象，无处不在。这一行业有着悠久的传统。根据观察家的观点，要么是传统的，要么是最新的建筑时尚占主导地位。但是，一个基本事实是社会对建筑的需求导致了委托任务的出现。在实践中，建筑师采用其个人对职业进行诠释，但这种诠释是在委托任务框架和直接反映政治文化的社会背景下的。在荷兰，后者在很长一段时间里都是以寻求共识为基础的。

为自己贴上一张具有特定商标或建筑师标签是非常吸引人的（尤其是在实际发展的情况下）。对一种极端风格的使用能使你更容易被视为一位专家或风格独特的设计师而被认可。从周边学科中衍生出一种商标，看上去简单而足够，但是这会使你与你职业的核心业务以及我们的建筑文化渐行渐远。

建筑师们喜欢将自己标榜为创新的推动力量——这是我们这一行业最不恰当的一种自我形象。既然我们的职业具有可能的最慢发展速度，风格创新或引领社会变革便是一种自相矛盾的说法。一项建筑项目所需的时间（从最初签约到最终完成）非常长。就其本质而言，建筑是一种慢工出细活的职业（a Slow Profession）。

时间是永恒的：它使一切回归本位

建筑材料与其中封存的时间之间有着一种牢不可破的联系。但时间之中的对象可以将自身从其所传递的想法中解放出来。毕竟，想法只是最终建筑达成的一个原因或一种途径，建筑产生的环境改变了，空间和砖瓦却依旧存在，并且可能蕴藏着新的活动或为新事件的发生提供可能。我认为建筑材料在这一方面具有很强的能力，能使其自身从其领先位置解放出来，成为建筑的一个基本方面。建筑终究只是一个便于人类活动的工具。建筑的品质是通过便利性、耐久性、人体工学以及功能性来衡量的。客观事实以及人类生活的基本要求几乎不会发生违反社会发展进程的改变。

我曾问我自己，该如何创造建筑。现在，我明白了，它是无法被创造的。人们只能建造出脑海中的意向。也许在将来，优秀的建筑物（Building）将会被视为建筑（Architecture）的一个典范。

Kees Kaan
2011年4月
（谢思思　译）

[1] 本文为Kees Kaan应作者之邀所作的序，以荷兰建筑师的身份讲述了荷兰建筑的几个关键问题。

[2] Kees Kaan (1961-)，荷兰著名建筑师，Claus en Kaan建筑事务所创始人，代尔夫特理工大学教授，本书作者在荷兰的导师。

目录 ▌CONTENTS

引子：
为什么是荷兰？
Introduction: WHY Holland?

"Your attention please, Flight CZ345 to Amsterdam is now boarding……"

航线：北京→阿姆斯特丹，从亚洲东部到欧洲西部

伴随着引擎的持续轰鸣，十小时后，飞机在夜幕中降落于阿姆斯特丹史基浦机场（Amsterdam Airport Schiphol）。[1] 这座曾连续数年荣膺"世界最佳"的机场便是我踏入荷兰的第一站。"Schiphol"，与其说它是机场，不如说是一座小城市，各项功能自如地组织其中：名店购物、世界美食、博物馆，甚至是赌场……咖啡店、餐厅的家具创意鲜明又温馨自然；休息区内没有机场常见的连排长椅，却是布置考究的布艺沙发，犹如自家客厅。此时，唯有鲜亮的黄色指示牌表明，这其实还是一个机场……短短的入境流程，似乎已经在传递着这个国家与众不同的文化与热情。出得最后一道关口，进入机场的公共前厅，便正式踏上荷兰的国土。由扶梯下至负一层，便直达火车月台。从机场到车厢，越来越多的新鲜文字开始跃入眼帘——那些同样由拉丁字母构成的荷兰语，a、b、c、d……尽管每个字母都很熟悉，但组合在一起，却如一串串"密码"，遵循着某种我尚不明了的规则。

夜幕低垂，火车从人流如织的繁华机场驶出，车窗外立即切换为平整无垠的农田。远处的点点星火闪烁。荷兰，我来了！

[1] 2010年8月，由于其成功的经营之道，荷兰史基浦机场已购下并掌管纽约肯尼迪机场四号航站楼。这是美国历史上第一次由外国公司掌控整个航站楼。

火车窗外，一马平川的绿色荷兰

上 鸟瞰荷兰，多变的云与平
整规则的土地
中 下 阿姆斯特丹史基浦机场
室内场景

设计无处不在，史基浦机场全球首推欢迎横幅自动售卖机

　　有了这台机器，只需几分钟的时间，便能设计和打印出一块最长达3米的横幅，上面印有你自己所选择的词句，方便机场接人。

　　荷兰是"设计强国"，从20世纪初荷兰现代"史诗"时代开始的百年历程里，这个小小的国家里诞生了许多影响世界设计的大师与作品流派：阿姆斯特丹学派、风格派、结构主义、Team10……荷兰设计的先锋部分——荷兰建筑，在整个百年里一直位居世界前列。一大批引导着现代建筑走向的大师不断在荷兰涌现：贝尔拉格（1856-1934）、里特维德（1884-1964）、奥尔多·凡·艾克（1918-1999）、赫兹伯格（1932-）、库哈斯（1944-）以及事务所UNStudio、MVRDV……他们犹如璀璨群星，闪耀于整个现代建筑的夜空，并逐渐在20世纪末形成了被誉为"超级荷兰"（Super Dutch）的强势文化现象。

　　从表面上看，个性张扬、类型多样，甚至有些令人费解的荷兰建筑，也正像我初抵荷兰时眼前那一串串未解的"密码"。但我相信，这密码的背后，一定隐藏着某种可以解读的规则。这些规则对我的吸引力大过了那些"密码"本身。事实上，从我决定赴荷兰的那天起，有个问题始终在头脑中挥之不去：

　　"在这个居于欧洲一隅，总面积仅有两个半北京大小的国家里，为何能够迸发出如此强大的创造力和影响力？"

　　当然，揭开答案的最好方法，就是走进它。

贝尔拉格（Hendrik Petrus Berlage, 1856-1934）

里特维德（Gerrit Thomas Rietved, 1884-1964）

0.1 小型的"大国"：荷兰

A Small Grand Country: General Introduction of the Netherlands

荷兰全称为"荷兰王国"（The Kingdom of the Netherlands，荷兰语为Koninkrijk der Nederlanden）。准确地说，作为一个完整的国家，"荷兰"应当称作"尼德兰"（即"低地国家"）。中世纪时，"尼德兰"包括了今天的荷兰、比利时、卢森堡三国和法国北部的一小部分，由于"荷兰"是当时尼德兰王国里面积与影响最大的省（即Holland省，今已分为南、北荷兰两省），简便起见，整个尼德兰自古便常被直呼为"荷兰"。①

① 但在荷兰北部的人们并不太愿意称自己的国家为Holland，这是需要在荷兰注意的。

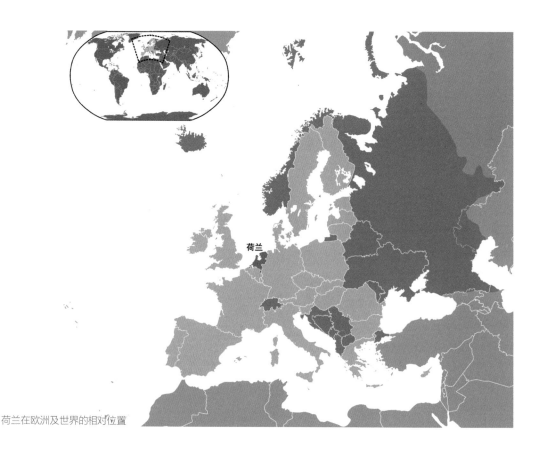

荷兰在欧洲及世界的相对位置

以同一比例观察北京与荷兰（局部），可以大致感知这个国家的尺度。在同一范围内，荷兰几乎容纳下了近十个较小的城市

《荷兰圩田》一书的封面，泥泞地面诞生了荷兰木鞋

　　"低地之国"荷兰的国土面积仅有4.15万平方公里，其中1/4海拔不到1米，还有1/4竟然低于海平面！因此，几乎任何一本介绍荷兰的书籍都会提到荷兰与大海的特殊关系——由于其低洼的地势环境，荷兰人不得不长期围海造田，以获取更多的生存发展空间（围垦增加的土地称为"浮地"或"圩田"，即"polder"）。几百年来，荷兰修筑的拦海堤坝长达1800公里，人工围垦出的浮地面积达全国陆地总面积的1/5。"我们永远要为生存挣扎"，这是荷兰政府在修建须德海大坝①文件中的第一句话。历史上更有"上帝创造了世界，而荷兰人创造了荷兰"（God created the world, but the Dutch created the Netherlands）的豪迈说法。

① 须德海(Zuider Zee，英语为Southern Sea)属原北海的海湾。拦海大坝位于阿姆斯特丹以北60公里，从北海进入须德海的入口处。大坝于1927年开工，1932年完工。坝基宽220米，高10余米，全长32.5公里，坝顶为高速公路，并留有铁路路基。大坝建成后，荷兰的海岸线缩短了300公里，大大减轻了海水对内陆的侵袭，须德海亦逐渐变成了淡水湖。

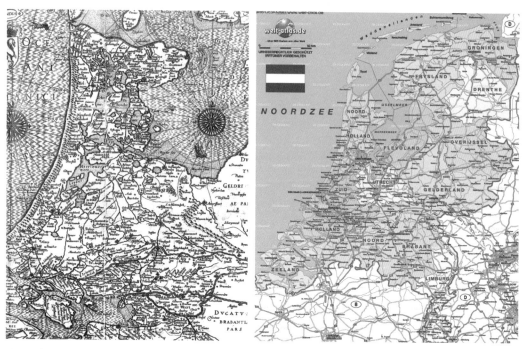

上 1596年的荷兰地图（局部）今天与几个世纪以前相比，荷兰人通过拦海造田，增加了很多国土

下 典型荷兰景象：风车与圩田

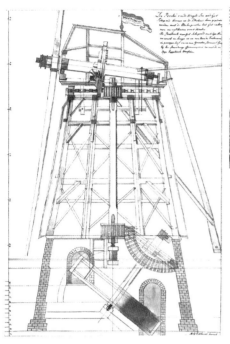

上 在荷兰，风车主要是用来将低处的水抽向高处，此图详细反映了风车的内部构造与抽水原理

下 位于鹿特丹附近的"荷兰之角"（Hoek van Holland），大坝将肆虐的海水阻挡在外

荷兰国徽

一顶红色貂皮华盖如开启的幕布，下部嵌有一条写着威廉亲王誓言"坚持不懈"（Je Maintiendrai！）的蓝色饰带，两只跨立的金狮翘着尾巴，口吐红舌护着一面蓝色盾徽。盾徽顶部是威廉一世御玺上所用的王冠；后面中央绘有一只头戴王冠的金狮，右前肢挥舞着一把出鞘的利剑，左前肢挥动一束金色箭翎，它们象征着国王权力。

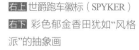

右上 世爵跑车徽标（SPYKER）
右下 彩色郁金香田犹如"风格派"的抽象画

单从国土和人口上看[①]，荷兰的确是一个"小"国家，但若检视它自近代以来对世界文明的影响，荷兰却毫无争议地称得上是个"大国"：16世纪正式建国，17世纪达到文化与经济的巅峰，史称"黄金时代"（Golden Age）——延续一个世纪的荷兰经济奇迹造就了世界上"第一个现代经济体"。荷兰也是近代欧洲宗教改革和资产阶级革命的发源地，美国政治传统中的很多因素都可以追溯到荷兰历史中。直至现代，荷兰在很多领域依然保持着世界领先地位。不仅是"设计与创意"，在自然科学、社会科学、工农业生产、文化教育等很多方面，荷兰人做出的成绩都足以令世界瞩目：

■ 目前已先后有15位荷兰人获得诺贝尔奖。

■ 荷兰是世界上最早开设英语课程的非英语国家，也是欧洲大陆使用英语授课的国际课程数量最多的国家；至少有75%的荷兰人会说一门外语，44%的人会说两门外语。

■ 美国科技情报所的《社会科学引文索引》中，荷兰期刊数量位居世界第三（仅次于美、英）。

---

① 荷兰总人口1600多万。

鹿特丹港口风景

■ 1988年，阿姆斯特丹建成的欧洲第一条非军事互联网连接点，使荷兰成为虚拟世界中通往欧洲的门户。

■ 从1989年起，荷兰连续保持农业净出口世界第二的地位，仅次于美国。

■ 荷兰拥有飞利浦、壳牌、联合利华、喜力啤酒、世爵跑车等世界级的著名品牌和企业。

■ 荷兰拥有约1000座博物馆，是世界上博物馆密度最高的地方。

■ 荷兰是现代主义建筑思潮发展史上的重要阵地，建筑设计一直以先锋、敏锐著称。荷兰建筑师一举拿下中国中央电视台的设计权，其大胆创新的形象与理念令人瞠目，迅速成为世界建筑界的热点话题，并一直争议不断。

……

显然，这些事实不可能是某个领域的偶然现象，它有着其深层次的源动力。要理解荷兰的建筑文化现象，显然要追溯到这样的原点和背景中，才可能避免舍本逐末的误区。

0.2 国家尺度的设计：从滑轮挂钩到拦海大坝
Design Related to the Whole Country: From Pulley Hook to Sea Dam

荷兰的崛起与实用主义价值观

荷兰正式建国始于16世纪一场从西班牙统治下寻求独立的"尼德兰革命"。这场革命爆发得并不那么主动，但却十分"实用"：当西班牙国王宣布，荷兰是西班牙神圣不可分割的一部分并重新划分行政区域时，荷兰人坦然接受了；当西班牙为荷兰派去新总督时，荷兰人也顺从地臣服了。但是，当西班牙国王菲利普二世试图掠走荷兰人的钱财时，荷兰人毅然奋起反抗了！由于长期与法国交战，西班牙需要很多资金维持，希望在荷兰人身上得到永久的财力保障，而荷兰人拒绝了。

1566年8月，荷兰各地爆发了反对天主教会的圣像破坏运动，独立战争揭开序幕。但散兵游勇的荷兰人哪里是西班牙军队的对手，荷兰人节节败退，伤亡惨重。严峻的现实让各自为政的各省力量不得不团结起来。1579年，荷兰北方七个省的代表签署协议，组成军事同盟，共同对敌。1587年12月，接受荷兰总督称号的英王宠臣莱塞斯特伯爵被赶走，一个真正享有独立主权的"共和国"出现于欧洲版图。

但这个新国家却必须为了争取自由和独立而继续战斗，直至1648年，经过史称"八十年战争"的英勇斗争，西班牙终于正式承认联省共和国独立。这是一个在人类历史上前所未有的国家——世界上第一个赋予商人阶层充分政治权利的国家。荷兰共和国（也称尼德兰共和国）的出现无异于黑暗中的一颗耀眼的明星。要知道，在当时的欧洲乃至世界，除了皇帝的统治，几乎还没有其他政权形式的存在。

这里有必要提到一个战争背后的隐含故事，它从一个侧面反映了荷兰人珍视的利益与信用的无法估量的价值。无论对于哪一方，"八十年"都显然是一场旷日持久的历程，几乎意味着倾其所有。战争带来的高昂经济支出已无法单纯依靠本国财力来满足，包括强大的西班牙。由于菲利普二世在欧洲四面树敌，连年战争耗尽了西班牙的国力，于是信贷问题随之而来。此时，国家信用水平高低便

左 阿姆斯特丹港口的商船
（油画）
右 威廉王子（William of
Orange，1533-1584），荷兰
皇室的创立者

成了信贷成功或利率优惠的关键问题之一。当时，荷兰联省共和国
体现了良好的治理结构，因而获得了较高的信用评价，借贷利率经
常在4%以下，而当时的西班牙，为其贷款最高甚至要支付20%以上
的利率！最终，人口不过150万的小国荷兰，硬是依靠军事经验并不
丰富的散兵游勇和这决定性的超低利率，把西班牙从财政和信心上
拖垮，赢得了这场漫长战争的胜利。

　　当然，此处无意深究战争问题，那已超过了本人和本书的知识
范畴，但从上述现象仍不难看出，信用作为一种对契约的尊重，必
然关系着更长期的利益。这在当时的荷兰几乎成了国家存亡之本。
因此，它作为一种正面的整体价值观，自然地延续到了战争胜利后
的和平发展中。

　　建国后，贵族失去了大部分特权，经济利益开始支配城市，阶
级分界变得模糊。同时，由于国土隐患，荷兰如同汪洋中的一艘大
船，全体成员必须齐心协力，同舟共济，这要求他们相互宽容、克
制、忍让，遇事协商、妥协，以求达成必需的共识。这个时期，伊
拉斯谟斯[1]极力主张的人文主义占有了一席之地……这些原因，客观
上形成了务实、宽容、自由的社会风气。庆幸的是，这样的宽容之
风为荷兰吸引了财富与知识：大批宗教难民（特别是来自葡萄牙、
西班牙的犹太商人）、科学家、思想家被吸引到荷兰，贸易也日趋

[1] 伊拉斯谟斯（Desiderius
Erasmus，约1466～1536）：
出生于鹿特丹的荷兰哲学家，
16世纪初欧洲人文主义运动主
要代表人物。今天，鹿特丹有
座著名的现代桥梁即以"伊拉
斯谟斯"命名，由UNStudio
设计（1990-1996）。

左 伊拉斯谟斯（Desiderius Erasmus，1466-1536)
右 伦勃朗（Rembrandt Harmenszoon van Rijn，1606-1669）

左 列文虎克（Antonie van Leeuwenhoek，1632-1723）
右 油画"倒牛奶的女人"（The Milkmaid，1658），画家：Johannes Vermeer

① 斯宾诺莎（Baruch Spinoza，1632年11月24日～1677年2月21日）：出生于阿姆斯特丹的一个从西班牙逃往荷兰的犹太商人家庭，因其人格高尚、性情温和而广受尊敬。斯宾诺莎最伟大的著作是《几何伦理学》（Ethica Ordine Geometrico Demonstrata，简称《伦理学》）。该书是以欧几里得的几何学方式来书写的，一开始就给出一组公理以及各种公式，从中产生命题、证明、推论以及解释。

繁荣。远道而来的法国哲学家笛卡尔，站在阿姆斯特丹港感慨道："货物无奇不有"，其后更久居莱顿达20年之久。

倚凭发达的海上贸易与城市经济，特别是"联省共和"国体的生命力，荷兰最终取代西班牙，并赶在英国之前取得了海上第一强国的地位：17世纪后期，荷兰的国民总收入比英伦三岛之和还高出30%～40%，而当时的荷兰人口只有英国的2/5；在大洋洲，他们用荷兰一个省（Zealand）的名字命名了一个国家——新西兰（New Zealand）；在北美大陆的哈得逊河河口，荷兰人建造了"新阿姆斯特丹城"，今天，这座城市的名字叫做"纽约"……

这便是"黄金时代"——一个群星璀璨，足以令之后每一位荷兰人引以为荣的时代。在哲学、科技、航海、水利、艺术等很多方面，当时的荷兰都走在了欧洲的前列。

在这个时代里，荷兰这片土地上出现了国际法之父格劳秀斯，发明摆钟的克里斯蒂安·惠更斯，发明显微镜的列文虎克，利用风车抽干湖水、获取土地的水利工程师扬·里格沃特，理性主义哲学家斯宾诺莎①，画家伦勃朗、维梅尔、雅各布·范·雷斯达尔……宽容的风气也促进了图书出版业的蓬勃发展。许多在国外被认为有争议性的宗教、哲学和科学书籍，往往在荷兰印刷出版，再秘密运至其他国家。因此，在17世纪，荷兰几乎成为了整个欧洲的出版业根据地……

正如"黄金时代"这一名称，这个时代产生了大量在文明史上弥足珍贵的奇迹。这也是今天的荷兰仍旧保持高度的文化影响力的重要渊源。我们不禁要问：这些奇迹是如何得以发生的？其背后的推动因素又是什么？有利的区位条件（欧洲重要河道的出海口）；现代教育的进步发展；造船、交通、金融等贸易关键领域的技术创新；人员的开放流动与宽容风气；宗教宽容政策带来的人才流入……多项原因相互交织，相互促进，最终共同推向了整体的发达。这些现象，究竟孕育出了荷兰人的哪些性格与精神，并产生了持续数百年的推动力？

通常，财富的迅速聚集容易导致理智的淡漠，这一点，荷兰人自有痛楚与警醒。英国历史学家西蒙·斯哈玛（Simon Schama）在《财富的尴尬——黄金时代荷兰文化的诠释》[1]一书中论述了荷兰黄金时代的文化和精神状态。他指出，那一时期的首要社会困境是如何协调财富和道德，这也是荷兰民族性格的根源所在。书中引用了加尔文（Calvin）《创世纪注》中的座右铭来开篇："富足的人当牢记，四周遍布荆棘，只有小心谨慎才不致陷入其中。"对于荷兰人，这样的箴言不仅是对浮华的批判，更是提醒人们需对潜在的灾难威胁保持清醒，切忌盲目自大。这样对物质财富的人本主义批判（如加尔文主义与伊拉斯谟斯的观点）给"荷兰精神"留下了深深的烙印，并影响至今。

对周遭威胁的认识逐渐塑造了荷兰人务实、勤勉的特点，但需警惕溜向另一个极端。正如法国历史学家费尔南·布罗代尔在《15~18世纪的物质文明、经济和资本主义》中尖锐地指出：荷兰商人缺乏民族和国家观念，以赚钱为惟一的行动指南，为此而不惜向敌人发放军饷，提供武器、货品和服务。国家则装作看不见。"在用道德观念作判断的外国人看来，在这个'与众不同'的国家里，任何事情都可能发生。"[2]

的确，荷兰似乎就是这样一个充满矛盾的国家：作为欧洲人口密度最大的国家，它的国土却有几乎一半低于海平面。与洪水抗争下的生存压力使得很多其他问题（如意识形态等）显得次要许多，保持并拓展生存空间就是它的首要任务。灾害面前，人人平等，这自然导致了文化和意识形态讨论的退位，因此，在宽容之

① Simon Schama. The Embarrassment of Riches: An Interpretation of Dutch Culture in the Golden Age. Vintage, 1997.（英文版首度出版于1987 年，1988 年出现荷兰语译本）。

②（法）布罗代尔：15~18世纪的物质文明、经济和资本主义.中译本. 北京：三联书店，1993：208、223.

外，荷兰逐渐形成了鲜明的实用主义基本价值观——这从一件与当时中国有关的故事中便可窥见一斑：

1656年（清顺治十三年），荷兰使团抵达北京，遇到了当时所有西方外交使团都会遇到的苦恼，就是在觐见中国皇帝时，必须行"三拜九叩"大礼。事实上，几乎没有一位欧洲外交官心甘情愿地接受这种苛刻的规矩。出人意料的是，荷兰人对此却毫不犹豫地答应了。"……我们只是不想为了所谓的尊严而丧失重大的利益。"荷兰外交官如是说。因为在当时的荷兰人眼中，最重大的利益便是通商和赚钱。

但仅有务实的精神并不足以保证一个国家的持久发展，工业立国才是硬道理。"联省分权"政治体制的负面作用——缺乏凝聚力——也逐渐开始显现。同时，由于本身缺少资源，过于依赖商业资本和贸易，因此在"黄金时代"后期，荷兰的经济发展速度明显下降，逐渐衰落。

时光进入20世纪。"二战"期间，一马平川的荷兰遭德军重创。1945年，荷兰的工业生产水平大约只达到战前的1/5。但战后仅用了三年就使其经济恢复到了战前水平，并保持高速增长。此时，荷兰人务实进取的精神再次得到印证，不仅快速地修复了战争的创伤，更在很大程度上实现着传统城市向现代城市的跃迁，甚至将战争带来的致命伤害转化为契机，使鹿特丹及其他很多荷兰城市拥有了最叹为观止的现代建筑奇迹——这个话题留待后文详述。

油画"巴别塔"（Tower of Babel，1563），画家：Pieter Brueghel

从国民精神到设计精髓

我们已经知道，水患与国土狭小是理解荷兰的基础背景，而这样的背景与荷兰整体精神的形成有着直接的引发关系，现实的不利形成了荷兰人坚韧勤奋的整体性格，就正如镌刻在荷兰国徽上的格言——"坚持不懈"。水患威胁下的荷兰社会中并没有真正的"敌我矛盾"，人人都在一个限定的范围内拥有最大限度的自由，也必须尊重他人的这种自由，哪怕它会导致一些古怪、不合常规的行为。库哈斯也正是借用了足球术语"突然死亡"来形容荷兰人的率性而为和反复无常。

但荷兰人的精神并非完全是由自然环境造成的，国际环境也是不容忽视的重要因素。由于荷兰一直处于德、法、英等欧洲强国的包围之中，在历史上，政治外交中必然少不了对现实的宽容甚至妥协，从这个意义上说，荷兰正处于全球化浪潮的"浮地"之中，也只有团结协助、求同存异、平衡寻求共同利益才能保持经济和社会发展的活力。因此，宽容、务实、诚信并综合权衡等特色也可以看作是一条"具有荷兰特色的发展道路"，即一种在经济增长和可持续发展中保持平衡，在社会效率和公正中保持平衡的发展思路。

当今的荷兰，正经历着一次新的"黄金时代"，但荷兰人明白，伴随着财富的必须是谨慎，甚至是一丝不安。正如从前，这一丝的不安并非仅仅是因为担心繁荣丧失的危险，更是因为历史经验使荷兰人对妄自尊大的担忧，甚至是恐惧。活跃、宽容、务实，再加上谨慎而谦卑的心态，编织出了我所见识到的荷兰与荷兰人。这样的整体状态是一种可以被称为"国民精神"的东西，而当代荷兰耀眼的设计成就便清晰地站立在这个基石之上。

在荷兰，有这样一个"严肃"的笑话：如果两个荷兰人流落到一个荒岛上，他们会做些什么？答案是：组织24个政党。[1] 的确，在荷兰，从宽容、协作走向联合，组建各种团体成为了鲜明的社会特色——建筑业当然也不例外。在20世纪，荷兰这块不大的土地上便先后诞生了"风格派"（De Stijl）、"阿姆斯特丹学派"（Amsterdamse School）、"新即物主义"（New Objectivity）、"代尔夫特学派"（Delftse School）及后来的"Team 10"[2]等重要学术团体。丰富活跃的组织不仅将荷兰建筑师从个体凝结为集合，更将荷兰建筑师的观点更强烈地传播出去了。

[1] Donald Langmead. Willem Marinus Dudok, A Dutch Modernist. London: Greenwood Press, 1996, 3.
[2] "Team 10"成立于战后，其思想与前述几个学派并不连续。

因此，荷兰成为了现代主义设计、国际主义风格诞生的故乡之一。在荷兰，现代主义不仅是一种风格，更是一种民族的生活方式。对于许多国家来说，现代主义是舶来的、非本民族的，而对于荷兰人来说，现代主义本身就是他们民族的、历史的组成部分，因而，荷兰人对现代主义的认同感是自然形成的，并没有其他国家那种认识、接受甚至争论等问题。这在一定程度上为荷兰设计的大胆创新剔除了束缚——因为在诞生之初，现代主义的基本精神就注定是创造与批判，而不是墨守陈规。

这样的批判精神可以追溯至"黄金时代"：近代实证科学发源于荷兰，由此，理性主义精神成为荷兰现代艺术和建筑中隐含的价值体系。斯宾诺莎被喻为现代无神论和唯物主义者的摩西。"外露的忧虑和对任何本土事物鲜明的批评，都是全民嗜好。没有任何传统是神圣的，也没有任何英雄或明星建筑师能免受批评。" ①

不回避问题，对生存环境和社会问题的积极思考是荷兰设计的重要特点。这样的精神直接影响到荷兰人对专业的认知和工作方法。

在荷兰，加尔文的警示总是渗入思想，包括了建筑、时装、设计。荷兰建筑大多造价低廉，新建筑预算往往是欧洲其他国家的零头。库哈斯曾抱怨，其作品最不为人理解的一面就是"廉价"——这对库哈斯来说有意识形态上的意义，一方面是因为世界上很多地方都缺乏在西方已司空见惯的财富，另一方面是因为对环境的关注。"它与最小化地使用各种手段有关……这绝不意味着我们只做

① Neville Mars（何新城），生于低地之国，城市 空间 设计，2009（03）6。

左 阿姆斯特丹学派典型作品：海牙"女王店"购物中心
右 阿姆斯特丹证券交易所，设计：贝尔拉格（1903年建成）
1883年贝尔拉格参加阿姆斯特丹证券交易所设计竞赛，以一个荷兰文艺复兴建筑风格的建筑方案获第四名，并获得设计委托，但实际建造拖了很长时间，贝尔拉格对方案做了多次修改，这座建筑于1903年建成。

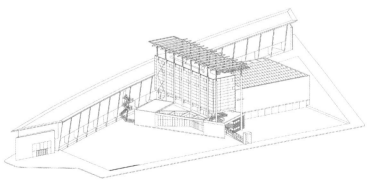

便宜的东西，但我认为，研究怎么用尽可能少的钱创造出尽可能多的功能是非常有意思的。……你完全可以在一个真正的责任的基础上实现想要的条件。"

与库哈斯一样，很多荷兰建筑师就是以这样的观点参与到对设计的互动中去的。"社会"一词在荷兰具有丰富的含义，并常常与其他术语组成新概念，如"社会环境"、"社会伙伴"、"社会对话"、"社会住区"等。这些概念将建筑学从"关于房屋建造的技艺"上升成为一个社会问题，批判性地介入到建筑与城市实践当中，以先锋的姿态面对现状乃至未来的社会问题，并探索用建筑学或城市设计去解答的可能性。荷兰建筑师不认为自己只是关注建造问题的工匠，这便是为什么荷兰极少诞生类似瑞士的卒姆托（Peter Zumthor）这样执着倾心于材料与建构的设计大师，而盛产活跃地面对政治与社会问题的凡·艾克、库哈斯……可以说，20世纪至今的荷兰城市与建筑设计，便是建筑师、规划师和政治人物等群体的共同思想在建设实践中的体现和产物。

左 A8高速公路设计（NL建筑事务所，2003-2006）
功能：公共空间—教堂广场，有顶广场，码头，公园，儿童娱乐，超市，鱼店，花店。
奖项：2005年儿童友好型城市奖（Child Friendly City Award）、2006年欧洲城市公共空间奖、2006年Parteon Architectuur Prijs Zaanstreek奖、2008年Route Pluim奖。
右 埃因霍温理工大学（TU/e）建筑学院

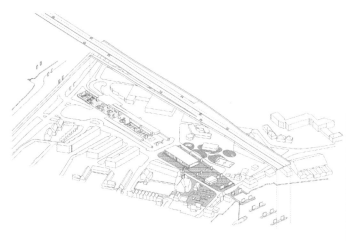

① Hugh Aldersey-
Williams. Natinalism and
Globalism in Design,
Rizzoli, 1992, 40.

自觉的创新

让我们切换一个坐标系，将建筑问题置于设计的谱系当中。作为整体设计领域（或当前常提及的"创意产业"）的一个组成部分，建筑学问题也必然与其他设计与创意领域紧密相关。在荷兰，很多建筑师与设计师都相信：一个创意，就是一次创业；一次设计，就是一份宣言。这也成为了荷兰创意产业发展、荷兰企业走向世界的重要动力。

没有设计，也就没有荷兰。这里也许是世界上惟一的将空间规划细致到一棵树的国家。历史上，荷兰很早就开始建设运河、水闸和其他排水设施。甚至可以说，今天的整个荷兰都建立在设计的基础之上，设计成为了荷兰文化中固有的部分。

鹿特丹的波伊玛斯-凡·布宁根（BoymanS-van Beuningen）博物馆前任馆长、著名设计师克罗威尔（Wim Crouwel）曾说："只有依靠设计，才能使我们的国家成为一个可以日日生存的地方。" ①在这样的氛围之下，对于荷兰建筑师的高度注重创造性、关注各种设计间的关联性就不难理解了。

Lelystad图书馆儿童阅览区

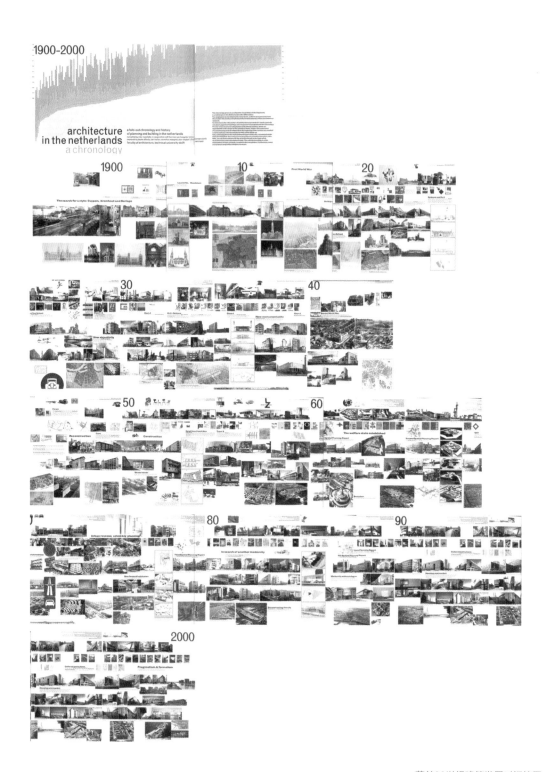

荷兰20世纪建筑发展时间简图

（代尔夫特理工大学研究绘制）

在荷兰，很多世界级企业的经营战略都是高度重视设计与创意。以飞利浦公司为例，它于1914年建立首个研究实验室，通过研究物理化学现象来促进产品创意的产生。公司的每一次大发展都伴随着开拓性创意成果的出现。目前，飞利浦研发设计中心已成为世界最顶尖的设计中心之一。有趣的是，自20世纪20年代至今，领导过飞利浦设计中心的五位核心人物里，竟有四位出身于建筑学专业或本身就是建筑师——卡尔夫（Louis Kalff）、维斯玛（Rein Veersema）、布莱什（Robert Blaich）和马扎诺（Stefano Marzano）。①

这些现象，从一个侧面反映出荷兰设计领域的高度交叉性和整体设计实力，同时也反映了社会观念对跨行业设计实践的理解与支持——这不难理解，在荷兰人的设计观念中，众多要素本身就是紧密关联的，从政治、社会，到基础设施、建筑物，再到家具、家电，甚至纯艺术……都是构建整体生存环境的要素，不分彼此。因此，这样的跨界、融合、借位思考就成为了自然引发的现象，也促成了一个"全民设计"的显著特征。这样的"全民设计"现象，也为荷兰建筑师的发展提供了良好的土壤，以至于在20世纪末逐渐登上巅峰，出现了被誉为"超级荷兰"的建筑文化现象。

政策的推进

接着探讨另外一个重要话题——政策支持。离开政策，没有任何民间自发的活动可能产生如此大的影响与成效。如果说，今天荷

① 卡尔夫于1925年加入飞利浦。他引入了官方使用的"Philips"字标，这一标准化并受保护的字标一直沿用至今。20世纪50年代，建筑师维斯玛引入了人体工学和价格评估法，强调和提供飞利浦产品的独特统一面貌，建立了设计的规章制度，为确立该公司在国际上的地位打下了基础。20世纪80年代，布莱什则提出"全球设计"的新概念，主张工业设计师与工程技术人员合作共同开发产品，打破了以前的封闭性的产品设计方式，对飞利浦产品的国际市场性起着重要的推动作用。马扎诺拥有米兰综合技术学院建筑学博士学位，于1991年开始后任现在职务至今，他同时也担任米兰多玛斯设计学院、米兰综合技术学院建筑学教授。

格罗宁根中心教堂门前，有这样一个金属模型，供盲人触摸、想象这座城市

2010年世界杯决赛，聚在鹿特丹Blaak广场上看球的人们

兰设计的成功，其根源来自于长期形成的整体精神与社会风气，那么，近30年来荷兰设计（乃至整个创意产业）的迅猛发展，则离不开荷兰政府（乃至整个欧洲）对设计产业的大力支持。

这里，有必要特别描述一下20世纪80年代起的荷兰建筑的发展，因为这与今天的中国有几分相似。1982年起，"鹿特丹工艺协会"连续举办了数届"鹿特丹国际建筑论坛"（AIR）。该论坛促进了荷兰建筑师与国际建筑界的对话与专业交流。外国建筑师克莱休斯、昂格尔斯、德雷克·沃尔瑟和阿尔多·罗西等人受邀为荷兰设计，即便不讨论开发问题，来自国际的新鲜想法也给人以重要启示，同时也在建设过程所触及的各方之间激起大辩论，今天如日中天的著名建筑师如库哈斯、维尔·阿雷兹、维尼·马斯等，都曾在论坛中与外国的明星建筑师进行辩论。

同时，荷兰邀请大量国际知名建筑师来荷兰参与设计，如罗西、迈耶、格雷夫斯、西扎、蓝天组、斯蒂芬·霍尔和彼得·埃森曼等。荷兰本土建筑师便在这样的激励之下很快地成长起来，以更高

船上的休闲
（马斯特里赫特）

的设计品质与国际一流建筑师看齐。

20世纪90年代之后，"荷兰建筑协会"（NAi）也扮演了更加积极的角色——收藏当代建筑作品，举办各类建筑展览、讲座及出版物等。2003年起，"鹿特丹国际建筑双年展"成为了重要的国际建筑盛会，以前瞻性的主题带动国际性的建筑讨论。这些活动成功地以国家力量作为荷兰建筑的推动力量，既让荷兰建筑师走向世界，也让荷兰真正成为了全球建筑师的舞台。

荷兰设计正是处于这样一个看似矛盾尖锐，实则逻辑清晰的整体背景之下的。经过几个世纪的积淀，尤其是20世纪中多代人的努力，荷兰在欧洲大陆的西北一隅，掀开了城市与建筑的炫目篇章。于是，我走进荷兰，开始了从城市、建筑到头脑的探寻之旅……

荷兰的城市
十分钟之外的差异

Dutch Cities
The Differences in Ten-Minute's Drive

1.1 概述：看不见的高密度
Introduction: the Invisible Density

我们已经知道，荷兰是这样一个充满矛盾的国家：一面是城市密布，交通发达，另一面则是农田风车，乡趣盎然，国土狭小紧张，且九成人口居于城市，却创造出了农产品净出口额世界第二的奇迹。犹如一张纸的正反两面，荷兰农业之发达，其实直接与城市发展的谨慎与理智息息相关。农业虽不是我所熟悉的内容，却成为了一个令人印象深刻的背景，将星罗棋布的大小城市衬托出来，熠熠生辉。

从面积上看，整个荷兰不过抵得上两三个中国大城市的面积，因此，有限的土地资源迫使荷兰必须严格控制城市发展的界限。从天空俯瞰荷兰，一马平川的国土犹如一幅幅各异的画卷清晰地呈现，城市与乡村分区清晰，规则整齐的农田间河道闪闪发亮，彩带般的郁金香花田、笔直的运河与公路构成了最有荷兰特色的抽象画作。整个国家看上去井井有条，几乎每一处都有设计的痕迹，而非天然偶成。荷兰城市就是在这样的"发展"与"自控"的双重标准下发展着，构成了荷兰的文化精神。

在代尔夫特中心教堂上远眺，
另一个城市依稀可辨

高密度在哪里？

荷兰常与"高密度"一词紧密联系：若以国土面积统计的话，荷兰是欧洲人口密度最高的国家之一，达到近500人／平方公里①。然而，这样一个 "数据型"高密度的国家，大部分区域却宁静恬淡，与印象中的高密度毫无联系，即使城市里也极少出现密集的高层建筑（目前全荷兰最高的建筑是鹿特丹的Maastoren大厦，仅165米）。这样的"高密度"到底隐藏在了哪里？对于一个我这样的从亚洲国家到来的访问者，很难将曾经亲身感受到的"高密度"与眼前安静甚至有几分寂寥的景象联系起来。

这个有趣的谜题——统计数据与实际感受的差异。就这个话题，我与Kees Kaan教授谈起，他解释了荷兰"隐形高密度"的秘密——对每寸土地的精心规划与利用。

首先，荷兰的"高密度"是国家指标的整体高密度，也是城市数量的高密度，但绝不是城市内部的高密度。从国家指标的统计数据上看，荷兰位列世界人口密度最大的国家名单里，但荷兰城市却不是世界上人口与建筑密度最高的城市，北京、香港、东京、上海、纽约，它们的密度都远远在荷兰城市之上。与之相反，荷兰的许多城市甚至看上去更像"乡村"——风车、农田、水道。从地图上，我们比较同样比例的荷兰、北京，很容易发现，在同样的土地面积之下，荷兰被划分为更多更小的城市，城市之间距离很近，车程不过20分钟左右，几乎就是中国大城市的内部各区之间的距离。天气晴朗之时，站在代尔夫特的高处，东西两侧的鹿特丹与海牙竟然清晰可辨。

另外，荷兰的国土利用效率极高。由于一半的荷兰土地是经过长期艰苦劳动、与海争地得来的，土地资源多为人工创造，极为珍贵，因此纯自然区域很少。Kees Kaan甚至断言："荷兰没有自然！"同时，拦海造田必须多方位合作和规划，堤防与圩田建成后，更需要理智地使用与开发，因此，效率成为了荷兰国土利用中最显著的特征。值得一提的是，荷兰是世界上农田保护最成功的国家之一，虽人口稠密，但农田依然能维持在国土面积的一半以上。不得不钦佩荷兰"二战"后详细且严格的国土空间规划。

---

① 若按此方式统计，我国的密度约为135人/平方公里。

"兰斯塔德"和"绿心"

于是，关于荷兰城市的最重要的两个特征已经引出来了：高密度城市群与规划严格的绿地系统。两个有关荷兰城市的关键词出现了——"兰斯塔德"（Randstad）和"绿心"（Green Heart）。"兰斯塔德"是荷兰南部一个多中心马蹄形环状城市群,包括阿姆斯特丹、鹿特丹、海牙、乌特勒支四个大城市及众多中小城市。区域内城市密度很高，大部分城市之间距离仅有10～20公里，交通极为便利。这种城市群模式把特大城市所具有的复杂、综合职能分散到多个各级城市,形成既密切联系，又相对独立的空间组织形式，保持了大型城市的整体统一性和有序性，也具有中小城市的宜居尺度。

城市的高度聚集并没有形成雷同的职能攀比，相反，紧密联系的城市更加注意自身个性的发展——强化不同城市的自身优势。在国际尺度上，虽然多数荷兰城市仅具有单一中心的特性，但相互组合构成了综合的大都市职能圈：阿姆斯特丹作为首都、全国金融经济中心，兼顾港口工业和轻工业；海牙则作为政治中心，重点发展旅游、服务等第三产业；鹿特丹是世界上吞吐量最大的港口之一，也是荷兰的重工业基地；乌得勒支则是国家的交通枢纽，也是历史名城、知识产业中心。同时，大量的轻工业分布在莱顿、哈姆勒等中小城市。正是这种明确分工，使得城市群的内部形成了互补优化的产业布局，资源得到了有效的配置，在经济发展的同时也防止了交通拥挤、环境恶化、大城市规模失控的局面。各个城市如同生命体上的不同器官，发挥着各自不同的职能，而每一项职能，对于整个国家而言，又都是至关重要的。

在"兰斯塔德"的基础上，"绿心"概念也随之产生。早在1924年，在阿姆斯特丹召开的"国际城市规划大会"上，人们极力主张要为城市居民创造一个区域性的自然休憩体系。1958年，兰斯塔德制定了发展纲要，将兰斯塔德与周围地区的发展作为整体加以规划，并不仅仅停留在单个城市中，纲要中有一个要点是"保留区域中心的农业用地，使之成为大面积的绿心敞地"。如今，这1.5万公顷的"绿心"是荷兰精细农业和畜牧业最为发达的地区，也是周边城市群的游憩缓冲区。

效率与公平：国家空间规划

荷兰政府的政策制定，通常需包含这样几个基本目标：经济效率、社会公平、环境（生态）的可持续性以及文化保护与认同。这样的目标决定了对空间的配置导向，因为空间配置深刻地决定着社会状态。荷兰空间规划便从单一到综合，从地方到全国，愈加紧密地将空间与生活状态联系在一起。

当代的荷兰空间规划概念有着深厚的历史渊源。早在中世纪，荷兰已经高度城市化，许多以贸易为主导产业的中型城市涌现出来。当时的城市必须修建城墙保护自身安全，城墙内的空间显然是有限的，因此，狭小的土地必须精心布局，集约化地使用。到19世纪，虽然城墙已不再是必要的防御措施，但填海而成、四处沼泽的荷兰，依然需要小心翼翼地利用极为有限的土地，难以随心所欲，因此，荷兰的空间规划务实严谨，强调对实际问题的解决。

高密度的建筑组织（代尔夫特）

　　不同时期的空间规划，其目标和理念随时代的变化而变化，如"二战"后的前三个全国性规划的主要目的在于促进经济增长，缓解人口和就业压力，而20世纪70年代后，规划重心则逐渐集中到了经济发展带来的空间和环境恶化方面，并成功地建设了"兰斯塔德"都市区、"绿心"、城市间绿色缓冲区等。第四个空间规划（1990）是荷兰空间政策的转折，规划目标变为：加速经济增长的同时要消除经济增长带来的负作用，即努力保持经济增长与空间环境质量的平衡。但由于荷兰内阁的变更以及外部环境的巨大变化，第四次空间规划并没有完整地得以实施，而是出台了另外经过修改的空间规划特别版（1990-1994）和反思版（1995-1998）。2000年，荷兰内阁签署了第五个国家空间规划政策文件草案，标题为"创造空间，共享空间"。该规划提出了两个最主要的目标：一是继续注重提高空间质量，二是引导经济社会活动对空间的使用。

鹿特丹港区郊外一景

上 Randstad城市区域示意图，多个城市组合在一起

中 Breda城市中心卫星图

Breda（布雷达）是荷兰南部城市， 1252年建镇，
人口11.8万（1982），是大机器制造业中心，还有
食品、冶金、纺织、塑料等工业。

下 Almere城市中心卫星图

Almere（中文：阿尔默勒或阿米尔）属于首都阿姆
斯特丹的都会圈内，两地以艾湖（Ijmeer）相隔。
Almere是荷兰最年轻的城市，1976年这里诞生了第一
座建筑。

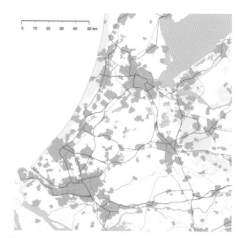

小城Hilversum的城市中心：
亲切宜人的尺度

　　从荷兰一个世纪的发展历程中可以看出，荷兰的城市设计与规划逐渐从单纯重视物质空间规划、城市形态、美学秩序，转向了关注人类的生存环境。

　　荷兰在哪里？到了这个国家，反而会更加迫切地追问这个问题。荷兰是郁金香与风车，还是圩田与拦海大坝？所有表象的符号都无法真正替代历史蓄积而成的文化，而文化却往往是隐形的，难以触摸的。行走在众多的荷兰城市里，探寻每一处来自这块土地的文化。

　　没有"自然"的荷兰，就在城市里。

左上 荷兰的名片之一：奶牛
右上 Almere城市设计方案之一
下 阿姆斯特丹南部Zuidas新区一景：De Brauw办公楼局部
（设计：Erick van Egeraat）

1.2 阿姆斯特丹：沼泽地上的大都会
Amsterdam: a Metropolis on the Polder

大城崛起：从码头水坝到国际都会

如果说荷兰是个充满矛盾的国度，那么，并非中央政府驻地的首都阿姆斯特丹则是"最矛盾"的一个缩影。

最有名的两个荷兰城市都以"丹"结尾——阿姆斯特丹与鹿特丹。"丹"是"dam"（水坝）的音译。在这个因水而兴的国家，拥有河道便占尽优势。阿姆斯特丹，其名源于*Amstel dam*，即"阿姆斯特尔河上的水坝"，可能类似于我们的"葛洲坝"、"三门峡"之类的地名。在上个千年之初，需要生存空间的冒险者从阿姆斯特尔河顺流而下，在河道周围的沼泽湿地外修建堤坝，以获取土地。一座名城的历史就此开始。

12世纪晚期，当中国南宋的显贵们已沉醉于西子湖畔的轻歌曼舞之时，这里还只是一个脚踏木鞋，靠海吃饭的渔村。但这个渔村的"后发优势"无疑是惊人的——仅用了几个世纪，这个渔村便成为了世界级的大都市，世界最重要的港口、金融和钻石交易的中心。

17世纪是荷兰的世纪，也是阿姆斯特丹的世纪。当时的阿姆斯特丹大放异彩，几乎成为了整个欧洲版图上的商贸交易中心。正如本书引言中提到的，法国哲学家笛卡尔（René Descartes）流亡到阿姆斯特丹时，不禁感慨："要寻觅世人希冀的珍奇货品，还有哪里能比这座城市更令人如愿？"《未来谁统治世界？》一书的作者，当代著名经济学家雅克·阿塔利也曾谈到："在路易十四时代，巴黎人的生活水平只相当于阿姆斯特丹人的1/4，当时，阿姆斯特丹是欧洲之都。"阿塔利所说的"路易十四时代"，大致便是17世纪左右。

1602年，荷兰东印度公司的阿姆斯特丹办公室开始出售股票，成为了世界上第一家证券交易所。300年后，荷兰现代主义建筑大师贝尔拉赫（Hendrik Petrus Berlage, 1856-1934）设计的阿姆斯特丹证券交易所建成，更成为了承接古典与现代的经典。

在北美，共有16座城市名叫阿姆斯特丹。美国的爱达荷州有阿姆斯特丹，弗吉尼亚州有阿姆斯特丹，佐治亚州有阿姆斯特丹，加

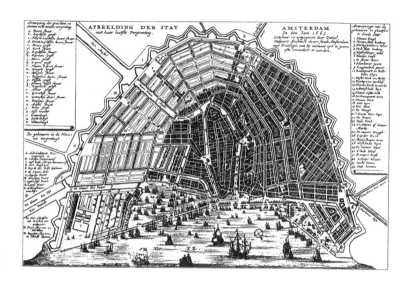

阿姆斯特丹历史地图（1665）

拿大的萨斯喀彻温省也有阿姆斯特丹⋯⋯如今这些城市成了荷兰电影制作人Rob Rombout 和Rogier van Eck的一部名叫《美洲阿姆斯特丹的故事》的电影的主题。尽管有很多欧洲城市都在这片"新世界"中被克隆过，但阿姆斯特丹是惟一一个由东至西遍及整个大洲都出现过的城市名，可见当时荷兰影响之盛。

　　事实上，缘于苛刻的地域条件，阿姆斯特丹的发展是艰难的。在街头，随处可见由三个"X"组成的城市徽标，这个看上去似乎不那么美观的图案记载着荷兰人最重要的生存教训，这是他们难以忘却的三大灾难：水、火和瘟疫——它们险些让这个民族灭亡。灾难来临时，坚忍的荷兰人靠着极强的适应性和抗争精神存活了下来。为了记住这些记忆，警示后人，便形成了这样独特的城市徽标。

　　如今，阿姆斯特丹早已成为世界著名的经济、文化、贸易之都，其综合性、复杂性、趣味性远非其他荷兰城市所能比拟，是名副其实的荷兰中心。若与其他荷兰城市相比较，不难发现，阿姆斯特丹其实算是"异类"——五光十色、多姿多彩，还颇有些放浪形骸之感。这里是全国的文化、经济中心，国家的窗口，有着国家博物馆、梵高博物馆等文化重地，却也有红灯区、大麻咖啡馆这样为现代文明所厌憎的角落，大家都合法经营，相安无事。城市中心是"水坝广场"（Dam Square，13世纪），围绕四周的是王宫、教堂、博物馆。以此为中心，放射状道路汇聚于此，人们也常选择在此地见面碰头。这个广场充满着魔术般的迷幻面孔：通常，在凹凸不平的地面上并无特别装饰，人们在此匆匆走过，游客三三两两停留拍照，几个扮演雕塑的艺人在这里经营自己的生意。但这个古旧的广场却随时可能"变身"，可能成为疯狂玩乐的嘉年华圣地，在局促的环境中，多个游乐设施密集布置，安置在皇宫门前，不禁让人产生强烈的时空错觉和喜剧的感觉。身处其中，才可以体会这是一个多么不循规蹈矩的城市。

阿姆斯特丹的天气同样出人意料，早上阳光灿烂，中午便可能阴云密布甚至大雨倾盆。变幻无穷的天空给这个不寻常的都市拉开了最贴切的布景。在水坝广场旁的杜莎夫人蜡像馆里，透过明净的圆形玻璃窗向外看去，明星、王宫、游乐场、商业中心、不远处的红灯区……交织在一起，竟令人依稀产生幻觉，不知身在何处！其他荷兰城市，却大多宁静、规整，甚至有些保守。到底哪一种感觉更能代表"荷兰"，我开始有些糊涂了。行走在阿姆斯特丹，慢慢地，开始从它的率性中发现了真诚、朴实，也许那就是真正的荷兰。

质朴的意匠：水与砖的首都

若要在第一时间反应出对阿姆斯特丹的记忆，我想到的只有两个词："水"和"砖"。虽为重要的港口贸易之都，但阿姆斯特丹的城市建设条件并不优越，由于地形低洼而缺乏充足的土地（甚至有些区域竟低于海平面5米之多，更缺乏建设所需的石材），阿姆斯

阿姆斯特丹中心卫星图

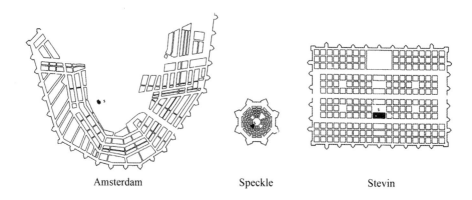

Amsterdam   Speckle   Stevin

上 阿姆斯特丹的防御性城市结构与其他传统城市的对比
下 阿姆斯特丹的城市标高：低于海平面的比比皆是

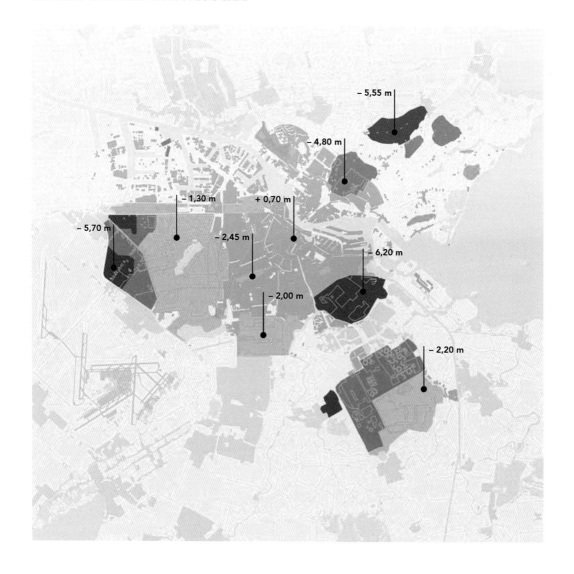

水坝广场（Dam Square）：
阿姆斯特丹的老城核心

上 Amrath大酒店的立面局部：典型的阿姆斯特丹传统公共建筑

左下 电车（Tram）的轨道：电车是荷兰的重要公共交通工具之一

右下 自行车：荷兰重要的私人交通工具

上 从蜡像馆眺望水坝广场：
嘉年华将广场变成了游乐场
中 建筑施工场景，在水中的
建设
下 城市中心一角，左侧远处
为著名的"阿姆斯特丹证券交
易大楼"

特丹人便拦海筑坝，开凿运河，如今已有160多条大小水道，1000余座桥梁。①

阿姆斯特丹虽有"北方威尼斯"之称，但与威尼斯道路河网的复杂多变不同，这里依然保留了良好、清晰的步行系统，易于辨识。

在《空间·时间·建筑》（Space, Time and Architecture, 1941）一书中，吉迪翁（Sigfried Giedion）对阿姆斯特丹的规划大加赞赏。阿姆斯特丹老城为近似同心圆弧加放射状结构。圆弧中心便是城市发源之地，如今是中央火车站片区，著名的红灯区与唐人街也在此区的核心，以此为中心，运河与道路交替外拓，形成了别具一格的城市风貌。

看荷兰城市，最精彩的往往是民居。由于荷兰没有军事称霸的历史，与欧洲其他名城，如罗马、柏林、马德里等相比，阿姆斯特丹简直称得上是一个巨大的村镇。站在水坝广场环顾四周，王宫、教堂、商业中心，都是由红砖一丝不苟地砌筑而成的，丝毫没有其他城市的帝国霸气。由于地基的问题，历史悠久的建筑常有倾斜，加上丰富多样的形式和色彩，与波光粼粼的河水构成了别样的景致。这样的景致绝不能用尺规绘制，唯有徒手线条，才能够展现其随性与趣味。

阿姆斯特丹发展之初的建筑多由木构建成。16世纪开始，砖石逐渐取代木构，开始带有明显的文艺复兴时期的风格。17世纪，巴洛克之风也吹拂到了阿姆斯特丹，而当时正值荷兰的"黄金时代"，最著名的巴洛克建筑便是水坝广场旁边的王宫。19世纪末，

① 2010年8月，阿姆斯特丹的运河已成功列入世界遗产名录。

左 美洲酒店立面渲染图
下 阿姆斯特丹证券交易大楼：
  贝尔拉格的代表作

阿姆斯特丹的现代住宅区：
图中标签处为MVRDV设计的
WOZOCO老年公寓位置

随着新艺术风格的流行，多样的新建筑落成。在这个时期，城市规模迅速扩张，但新城区的建筑和老城区保持了风格上的延续性，博物馆广场附近的建筑便是新艺术风格的典型代表。随后，"装饰艺术"在阿姆斯特丹开始盛行，并逐渐成为著名的"阿姆斯特丹学派"。

如今，阿姆斯特丹市中心依然存留了大量这一时期的建筑。精细考究的砌筑方式，一丝不苟的装饰线脚，将原本并不耀眼的砖砌建筑表现得俊雅沉稳。没有皇家宫廷建筑的气势逼人，也不似普通民居的简单直接，而是以恰如其分的方式传递着阿姆斯特丹人对美好的追求。

居者有其屋：城市的拓展与全民居住

在国内外行走，常常感慨于那些自发形成的和谐的自然城镇、村落，丰富而亲切，令人赞叹。这是一种自下而上的发展路径。然而，对于一个大都市来说，自发建设却往往不能奏效，必须依赖整体全面的规划，即"自上而下"的发展。就像今天不少中国城市觊觎纽约、香港这样的世界大都会的繁荣，当年的阿姆斯特丹在衣食无忧之后同样将伦敦、巴黎设立为自己的赶超标杆，直到萨穆埃尔·萨法蒂（Samuel Sarphati）下定决心拓展城市。这位做过内科医生的规划师奠定了今天阿姆斯特丹的城市基础，在运河之外规划了新住区与公共设施，奠定了今天城市的新框架。

20世纪初，人口剧增，城市急需得到拓展。亨德里克·伯尔拉赫（Hendrik Petrus Berlage）提出在市郊设计一系列社区，以达到居者有其屋，但两次世界大战使得荷兰经济与城市遭受重创，尤其是"二战"后，百废待兴，阿姆斯特丹面临着一次重生，并希望借由新城建设的机会，将城市职能加以拓展。今天，若在中央火车站搭乘有轨电车，不出30分钟，便开始进入新城区。说是新城区，当然是相对于中心区历史而言的，大多区域建于"二战"之后，虽不豪华气派，但空间宜人、朴素自然。

对阿姆斯特丹郊外住区的感受，得从两次寻访MVRDV的WoZoCo老人住宅说起。从中央车站乘坐电车，向城市西面行进。电车在市中心的行程不过20分钟，穿越护城运河之后，城市变得逐渐疏朗，车站距离也逐渐延长，高密度的城市逐渐被大片水面、现代主义风格的住宅所代替——市郊的住区到了。这里没有冗繁的景观设计，没有争奇斗艳的楼盘风格，更没有封闭自我的独享私利，所有场景都似乎凝固在一个特定的时期，共同构成一个和谐的系统，看不到浮躁与媚俗。早年的住区与正在建设的住区和谐并存在同一区域内，陈旧与崭新并存，这个画面多了几分真实。住区都是开放型的，可以方便地近距离观察每一座建筑。除了无法进入每一个单元门厅外，其他空间都是可以到达的。在WoZoCo，我的注意力逐渐从建筑本身移向了周围环境，其实这才是建筑背后那些重要的东西。

左 阿姆斯特丹从不缺让人眼前一亮的建筑：ING集团总部大楼

右 街头观棋不语的人们

Free Space：自由/免费的公共建筑

除了随处可见的新老住宅，阿姆斯特丹的公共建筑更是精彩。这是一个永不停滞的城市，从当年的渔村到今天的大都会，阿姆斯特丹人在不断地创造奇迹。从火车站出来，眼睛里顿时充满旅游都市和古老港口的喧嚣，而只需向左步行10分钟，新建筑便一一出现在眼前，轻松、宁静。图书馆、博物馆、音乐厅……逐一呈现。若乘车前往市区其他地方，会惊叹于这个城市散布着太多的建筑财富。

公共建筑的根本目的是创造公共空间。与意大利、西班牙不同，在荷兰，由于地形和气候的限制，并无太多的室外广场。同时，宗教的影响在荷兰并不深刻，教堂在城市公共活动中的中心地位并不明显。因此，公共建筑成为了创造公共空间的最重要形式，无论是音乐厅、图书馆、医院，还是商场、机场，无一例外地包含了大量的公共空间，而这样的"公共空间"的确具有名副其实的"公共性"（而不是被视为在功能之外的甚至是浪费的"交通面积"）——无论你来自哪里，无论你是否使用建筑本身（看书、听音乐、搭乘飞机……），都可以惬意、自由、免费地享受这些空间。在图书馆的顶层，美食与美景吸引着读者；在阿姆斯特丹史基浦机场，更整合了博物馆、商场，甚至是赌场，当然还有众多供人闲逛的模糊空间……公共空间不仅提供了"非特定功能性"的活动

① 阿姆斯特丹奥林匹克体育场，第九届奥运会（1928）主场馆，设计：杨·维尔斯(Jan Wils, 1891–1972)。今日火炬传递惯例便是从这届奥运会开始的。这座体育场保存至今并不容易，它曾经被扩建，又险遭遗弃，最终多方努力才恢复了原本的面貌。如今，这座建筑也成为了重要的"阿姆斯特丹学派"风格建筑而被保存下来。

场所，还带来了更多的商业机会，为公共建筑的价值提升带来了更有力的支撑。重视公共空间的特点已经根植于荷兰建筑师与经营者的头脑之中，他们不仅有意识地设计这样的空间，更懂得如何经营这样的空间。精明的史基浦机场经营者，已经拿下美国纽约肯尼迪机场超过半数的股权，正将荷兰式公共空间经营模式在美国最重要的机场里实践着。

　　除了室内的公共空间，阿姆斯特丹人对有限的外部空间依然珍惜而谨慎。一日，我在阿姆斯特丹的奥林匹克体育场①外参观后，坐在长凳上休息片刻。与今天无不以标新立异取胜的体育场馆相

上 女王节（Koninginnedag）：全民的狂欢节
下 中国城一角

比，这座体育场中规中矩，但与城市和谐而生，丝毫不觉突兀，不远处，有人在跑步，有人在遛狗。一位荷兰大叔走了过来，与我交谈，得知我来自中国，礼貌地赞叹道："中国好大，比我们这儿大多了！"的确，广袤国土的面积是每一个旅居欧洲的中国人引以为傲的地方，但国土之大，要让城市中出现更多的公共性，让每一个人拥有更丰富、更自由、更高品质的公共空间，我们似乎还有很长的路要走。

博物馆盛宴

阿姆斯特丹有超过50座博物馆，而且这一数量在不断地递增之中。对于一个号称"博物馆之都"的城市，问题的关键不是"数量"，而是"藏品"。这里既有国立博物馆、梵高博物馆这样的国家级艺术圣殿，也有"安妮之家"（Anne Frank House）[1]这样的小型低调的沉静缅怀之处。发达的港口贸易历史、熙攘的游客与商人造就了这个城市无比的包容性与好奇心。除了艺术品可以登堂入室之外，民俗、陶艺、啤酒、乳酪、服装、船只、音乐盒、玩具、性用品，甚至是"酷刑"，都可以成为一个专题博物馆。

事实上，博物馆的本质就是搜罗各方奇特珍贵之物，供人参观鉴赏。在这个意义上，阿姆斯特丹市中心的橱窗女郎也成为了这个城市

① "安妮之家"位于荷兰阿姆斯特丹王子运河旁，是一间纪念犹太人安妮·法兰克的博物馆。1942年7月8日至1944年8月4日间，她与其他犹太人都躲藏在这个屋子内，直至被发现，逮捕。1945年3月，就在联合军解放荷兰的两个月前，安妮不幸在集中营遇害。安妮曾经写下著名的《安妮日记》（出版于1947年）。如今，"安妮之家"陈列了德军占领时代的荷兰犹太人苦难逃亡的历史遗品。建筑虽小，但却震慑心灵。

阿姆斯特丹博物馆区

伦勃朗自画像

最具猎奇意义的"博物馆"，因为对于绝大部分人来说，走过橱窗的目的，还不是为了消费，而是满足自己的好奇心，甚至是窥视欲。

主要的博物馆汇聚于城市南侧的"博物馆广场"——19世纪末为举办世界博览会而兴建的大型户外空间。北部尽端是端正对称的国立博物馆（Rijksmuseum Amsterdam）；西部则是极富盛名的梵高博物馆及市立博物馆（Stedelijk Museum，正在扩建之中）；阿姆斯特丹音乐厅占据南端，与国立博物馆遥遥相对。整个广场几乎全部覆盖以草坪，水池、步道简洁清晰，丝毫不造作繁杂。国立博物馆前的轴线上，有一个阿姆斯特丹的城市标志，简洁而富有趣味：在"Amsterdam"前，加上一个字母"I"，透过颜色的变化，组成了一个简洁的句子"I am sterdam"，令人过目不忘。西北侧的一小片树林是游客休息、补充饮食的好地方。这里不仅是博物馆的汇聚之所，更是重要的城市公共聚集区，比如在"女王节"、音乐节以及直播重大赛事的时候，这里便成为了狂欢的世界。

国立博物馆的主角是伦勃朗——和这座城市联系最紧密的艺术家。看一座城市，实际上是看一段历史，一群人。小时候，家中有一本薄薄的《伦勃朗素描》，有人物，也有动物。在当时，愚钝的我只是看到这位大师的素描与美院习作有着很大的区别，但表面现象是模仿不到骨子里的，还是得老老实实按美院训练的路子走，直到后来，才渐渐悟出了些线条与笔力之外的东西。在博物馆内，最著名的展品可能就是伦勃朗的油画《夜巡》了。正因为这副画，使得早年得志的伦勃朗急转直下，陷入窘迫境地。今天，这幅作品占据了一间独立展厅，面对围观膜拜的人们，犹如黄金时代中一道绚烂的闪光，只可惜，画家却无缘享用这份尊崇。

左 油画"夜巡"
右 国立博物馆（Rijksmuseum Amsterdam）

另一个博物馆的主人梵高，则曾短居阿姆斯特丹。这位生前潦倒凄凉的艺术家早已登上了名望的巅峰，虽然来得晚了很多。博物馆一期部分由里特维德（Gerrit Rietveld）担纲设计。建筑风格忠实地展现了建筑师对现代主义执著的追求，但似乎梵高被搁置于一个若有若无的位置，也许这便是早期现代主义中常出现的问题——强调空间、功能、材料，而易忽略精神内涵。1999年，在日本的资助下，博物馆扩建了名为"表现之翼"（Wing of Performance）的新馆，同时也由于梵高的作品深受日本浮世绘影响，新馆设计由日本建筑师黑川纪章承担。新旧两部分由地下联系，地面之上呈现圆与方的对比。恕我直言，第二期建筑的平淡实在令人失望，有些对不住梵高那奔放喷薄的艺术激情。

凡·高自画像

梵高博物馆内收藏着梵高的油画200幅、素描500余幅、速写簿4本以及书信800封。在漫长的购票、安检之后，进入展厅。不同时期的作品按照楼层分布。我看到了画面上有力、肯定的笔触和变幻莫测的色彩。农宅、田野、野花全是普通至极的景象，但在梵高笔下，却成了至美的风景。油彩厚重但不臃肿，笔触狂野但不零乱，朴实但不拙劣。

吴冠中先生曾说："每当我向不知梵高其人其画的人们介绍时，往往自己先激动起来，却找不到确切的语言来表达我的感受。"的确如此，从前在纸面上看到的作品就活生生地出现在眼前，厚重的颜料堆砌状态远远超过印刷品的表现力，那种莫名的激动开始在血脉里奔流起来。在昏暗的农家，一群人正吃着热气腾腾的土豆汤，艰辛中不乏希望。在"有柏树的麦田"中，仿佛能看到一种汹涌激荡的生机与活力，旋转的笔触塑造的柏树呈冲天之势，

左 油画"有乌鸦的麦田"（Wheat Field with Crows，1890）

右 凡·高博物馆一角

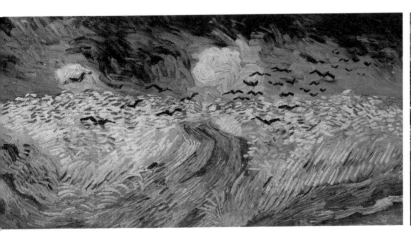

如火焰般极具生命力。在梵·高笔下，笔触既不用来炫耀画技，也不隐藏含蓄，捉摸不定，而是奔放率真地跃然于画布，用颜色、力度、奏响了一组强有力的音乐，直刺心灵。

从伦勃朗、维梅尔到梵高，荷兰绘画始终位于艺术史的巅峰。荷兰画家犹如精确摄取世界的一部相机，通过画作，我们看到了眼睛背后的思考与自信，而这样的艺术土壤无不渗透入当代荷兰的观念之中，成为了设计与艺术中与生俱来的基因。

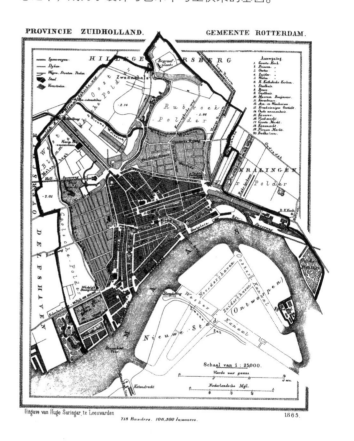

鹿特丹历史地图（1865）

1.3 鹿特丹：重生后的执著
Rotterdam: New Life among the Ruins

初识鹿特丹，是乘Kees Kaan教授驾驶的BMW跑车从代尔夫特前往，两地不远，不到20分钟便已接近鹿特丹市区，高楼由远及近地逐渐呈现。与代尔夫特的雅致精巧和悠长历史相比，鹿特丹的确称得上是一个"现代"的"大"城市——建筑风格多样，但极少有传统建筑。汽车行驶途中，我有些兴奋地张望这座著名的城市，希

望通过眼前所见刷新我原本对鹿特丹的想象。突然，一栋似曾相识的白色房子出现在眼前，规则方整的体量上一道对角斜面划开了立面的完整，手法简约，但特征鲜明。很快，我反应出了它的来历，随即告诉正在开车的Kees，这座建筑在中国电影里出现过。没错，这就是成龙在1999年的电影《我是谁》中飞身滑下的建筑物。高耸的斜面成为了勇敢者的滑梯。恰巧，Kees Kaan教授主持的Claus en Kaan建筑事务所（鹿特丹公司，简称CKR）就在这座建筑旁边。于是，我的第一次鹿特丹之行便带有了几分亲切和追忆。

上 鹿特丹城市中心卫星图
下 鹿特丹城市景观：远眺伊拉斯谟斯大桥（UNStudio设计）

随着在事务所工作的开展，我有一半时间需要往返于代尔夫特与鹿特丹。这两个全然不同的独立城市，实际上的火车车程不过20分钟，下车后只需再步行几分钟便可到达办公室。我相信，这样的时间远低于很多中国大都市里的上班耗时——虽然那还是在一个城市之内。于是，不由得感慨这样的高密度城市群的优越性，也开始暗暗琢磨："像重庆这样的多中心的组团式城市也许会成为另一种大都市发展的新模型。交通的便利经济，加上代尔夫特市区内中国食品的匮乏，因此，就连"打酱油"都常来鹿特丹。

当然，不仅仅是便利，鹿特丹大量的建筑与文化资源使得它当仁不让地成为了荷兰现代大城市建设的窗口——著名的荷兰建筑学会（NAi）、各大博物馆（Boijmans Van Beuningen、海事博物馆、Kunsthal等）、明星事务所（OMA、MVRDV、Claus en Kaan、Neutelings Riedijk、Erick van Egeraat等），还有建筑与城市设计教育重镇贝尔拉格学院，当然，还有享有声誉的鹿特

鹿特丹的标志性建筑之一：
Willemswerf大楼（设计：W.G. Quist，1983-1989）

丹国际双年展。这些机构与文化活动的存在使鹿特丹从著名的世界商贸城市中脱胎出来，不因为战争的摧毁变成"文化沙漠"，而以新的面孔建设出一个独一无二的现代文化高地。在几乎是与生俱来的历史优越感盛行的欧洲，鹿特丹可能算是一个异类。

它没有阿姆斯特丹的盛名与熙攘如织的旅人，也没有代尔夫特那历史悠长的运河、教堂，"二战"使它不得不割断历史。现代主义思路下的发展让鹿特丹在质朴中渗透着坚持与感动，就如现代主义本身的特点一样：直面功能，关乎需求，绝不繁冗造作。

战火历练的门户大港

作为世界最大海港之一，鹿特丹因河道而生。公元900年左右，在汇入沼泽的鹿特河（Rotta，由代表"泥泞"的Rot和代表"水域"的词缀a组成，意为泥泞的水域）下游便有人居住了。12世纪中叶，为抵御洪水，当地居民开始修建堤坝。一个世纪以后，鹿特河上建成了一座大坝，便是Dam on the Rotte或Rotterdam——鹿特丹也从此得名。

到14世纪初，仅有两千人的鹿特丹被授予了城市自治权。此后不久，连接鹿特丹和荷兰北方的运河开通，鹿特丹作为出海口的地位开始凸显，逐渐成为欧洲最重要的货运港口。海港地位的提升带来了城市快速发展和人口急剧增长。19世纪末，当时全欧洲最高的建筑就矗立在鹿特丹。

被德军摧毁的鹿特丹
（1940年5月14日下午1点22分起，德军对鹿特丹进行了狂轰滥炸，3万人丧生）

鹿特丹老市政厅

　　但城市经济发展却难以抵挡军事霸权的铁骑，"二战"的隆隆炮声使鹿特丹陷入了劫难的深渊。1940年5月10日，德国入侵荷兰。为迫使荷兰投降，德军对鹿特丹进行了狂轰滥炸并威胁轰炸其他城市。鹿特丹市中心的建筑物几乎全部被毁，一座繁忙富饶的港口城市不复存在。

　　荷兰人的战后重建与经济复苏能力是惊人的。在鹿特丹历史博物馆，随着精心设计的参观路线，结合丰富的多媒体展示方式，鹿特丹的战前、战后历程被清晰地呈现。一个过去同阿姆斯特丹相差无几的水上城市，逐渐在战后转变为一个现代、多元，还似乎有几分随性的城市。事实上，在"二战"前，现代主义便已在荷兰发展。在巨大的战后重建任务中，现代主义因其实用与效率而被迅速地推广开来。在重建的过程中，几乎没有对原有荷兰传统建筑的重现，而是坚定务实地行走在"现代主义"大道上——对于荷兰人来讲，这几乎不是关于风格或主义地推崇，而是对经济与效率的选择。

　　今天看到的繁忙而秩序井然的鹿特丹，实际上直到20世纪70年代，即使重建了20余年，却依然空旷。到80年代，建设开始提速，市中心的建设，包括商业建筑、影剧院、广场，陆续开始发展；90年代，城市南岸开始发展，新商业中心建成，城市面貌可谓真正地旧貌换了新颜。在这里，现代建筑以它特有的规律发展。全荷兰最高的高层建筑在这里，虽然不足200米高，但在鹿特丹柔弱的基础条件下，已经非常难得。连接南北鹿特丹的伊拉斯谟桥更成为了今天鹿特丹的形象名片。

以"现代"的名义

鹿特丹是现代主义的天堂，似乎已经没人怀疑这一点。它不仅是欧洲的门户港口，在建筑人的眼中，也是现代建筑的乐土。战争直接撕碎了历史，在某种意义上，鹿特丹反倒去除了陈规的束缚。松绑之后如何发展，是摆在鹿特丹面前的基本问题。从表面上看，鹿特丹的建筑的确呈现百花齐放之态，因为已经没有周围环境要去"协调"，写字楼、商业、剧场，都似乎在以自己的状态发展。但在我眼中，百花齐放的鹿特丹似乎并没有很多中国城市来得"生猛"，我们常常自己撕碎历史，自己给自己松绑，在鹿特丹的被动与无奈面前，其实更加豪迈且不可阻挡。

感受鹿特丹，我经历了两种身份：一是匆匆一瞥的游客，二是时间稍长的居留者。虽然这两种身份都无法与本地居民的理解相比，但作为外来的观察者，这样由浅入深地体验，恰巧能够看到一些新鲜的东西。

作为游客，似乎是在初访鹿特丹的三五次以内，当时的鹿特丹给我的印象是陌生的与无情感的。现代主义的建筑堆砌在道路两旁，似乎也没有看出多少章法。相比其他很多欧洲城市，鹿特丹在我看它的第一眼中并不"惊艳"。走过一些其他的或"宏大"、或"精致"的地方，我不得不坦率地说，其实鹿特丹给我的第一感觉是粗糙的。由于市区内大多是现代建筑，首先从细节上便与众多欧洲名城形成了鲜明的对比。现代主义大多摒弃多余装饰，而注重功能，加之历史上的水患肆虐造成了荷兰建筑特有的"经济性"——大多荷兰建筑造价不高，不奢侈浪费。在水患扰民的时代，建筑难免受侵害，常常被摧毁后再重建，因此，荷兰建筑具有某种意义上的"临时性"。这样的特点直接渗透到今天荷兰人的价值观中。与四周近邻德国、瑞士、法国以及北欧相比，荷兰建筑的确称得上经济适用，而不再执拗于某些现代建筑中所称道的细节。在荷兰，廉价而普通的材料被广泛运用，即使是重要的建筑中，都能够轻易地发现这类材料的身影。于是，这样的观念贯穿于城市建造的整个过程，形成了鹿特丹的平和、实用，丝毫没有矫揉造作之态。

作为居住者，就意味着深入了解或者改变看法。鹿特丹市中心不大，从中央火车站向南步行，半小时左右便可领略这座城市的中心区域。这半小时内，可以经过中心商务区、商业购物区、滨水办公区以及博物馆、建筑学中心等主要亮点，城市的品质也就是在这半小时的步行中被清晰地传达出来。虽然战火将鹿特丹的传统风貌摧毁殆尽，但她作为一个有良好尺度的欧洲城市的身份却没有改变。步行是探访这座城市的最好方式。在平实但饶有趣味的城市建筑中，我发现了她太多的智慧与关照。

鹿特丹的现代房子

既然鹿特丹被称为现代建筑天堂，那么，明显的意思便是建筑的多元性与实验性。鹿特丹是荷兰第二大城市，贸易、工商业发达，直接决定了建筑类型的丰富。在历史悠久但颇有些保守的欧洲，鹿特丹是不缺乏想象力的。

鹿特丹的Blaak火车站（与中央车站不过几分钟车程）是我到

鹿特丹Pathé Schouwburgplein
广场

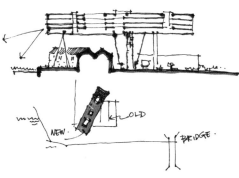

左 联合利华总部办公楼：新建筑扩建的一个有趣的
例子（设计：JHK建筑事务所）

右 联合利华总部办公楼剖面关系（作者绘制）

左 鹿特丹Golden Tulip酒店

右 鹿特丹新区街景

左上 Kunsthal当代艺术馆局部

右上 Kunsthal当代艺术馆 设计：OMA

左下 鹿特丹某高层建筑建设场景

右下 鹿特丹KPN大厦 设计：Renzo Piano

立方体住宅所处的位置及周边
环境。右上角是Blaak广场上
的集市，每周三天。

事务所上班的车站。每日从车站进出，这一段几分钟的路程中便
可以看到几个全然不同的建筑。不远处的立方体住宅（荷兰语：
Kubuswoningen，Piet Blom设计，建造于1984年），可能是世界上
最具个性的住宅之一。好的建筑总是个性鲜明且有理有据的。建筑师
Piet Blom这样解释道："在鹿特丹这个工业城市里，缺乏高质量的交
流场所，人们一天到晚都只顾着埋头工作，城市里缺乏活力和生活气
息，所以要创造一个趣味性很强的建筑，为城市增添一点生气。"

　　严格地说，这组妙趣横生的建筑实际上是建设在"过街天桥"
之上的。建筑为38个尺寸、形状和功能相同的倾斜的立方体组合，
每一个立方体便是一套住宅。六边形平面的竖向交通塔既是交通体
系，也是结构受力体系。Blom把建筑形态抽象为"树"，使立方体
处于一种不稳定的状态，打破了人们对立方体的视觉惯性。由于建
筑为斜面，因此楼层越往上越狭小，最顶层一间卧室内，床头便设
置在对角线处，两个斜面夹角限定出一个类似阁楼的空间。身材高
大的荷兰人怎么能够灵活进出？这似乎并没有影响建筑的受欢迎程
度，几乎每一个来到鹿特丹的游客，都会到这里一探究竟。通常，
我们用"方盒子"形容简洁或乏味的现代建筑。这座住宅，将方盒
子旋转组织，一个微小变化顿时引发了设计者的热情与积极性，使
原本并不突出的形体顿时鲜活起来了。

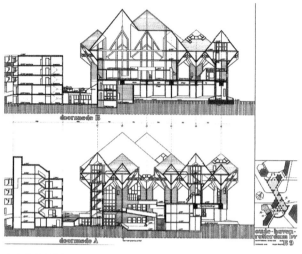

立方体住宅剖面

上 立方体住宅内庭仰视
下 立方体住宅室内一角

立方体住宅外观（设计：Piet Blom，1978-1984）

鹿特丹中央火车站前广场的扩
建：难得一见的标语

　　不仅在构成上形象鲜明，建筑师更加强了对各面交接的处理：
首先是从材料、色彩和质感上对邻接表面加以区分。朝向天空的三
个面用灰蓝色木板，与天空颜色相近，质地粗糙；朝下三个面则是
光滑的黄色木板，与铺地的色调一致。在关键的转角处采用了金属
边框的角窗，把交角处理成一种独立于表面的材料，更加强了立方
体的特征。

　　在Blaak车站附近，有一个早已形成的集市。欧洲很多广场都承
担着露天集市的功能，因此广场十分简单。一周中有三天，这里熙熙
攘攘，各色货架快速地支撑起来，成为附近居民喜爱的露天集市，而
在重大节日或者体育比赛时，这里又成了聚集观战的最佳场所。随着
城市的发展，临近广场的地方需要修建公寓，于是，MVRDV便设计
了这座看似形式怪异的建筑——"集市大厅"项目（Market Hall）。
设计源自对鹿特丹城市历史文脉的解读和理性的分析。在城市传统
中，这个紧邻教堂的历史区域本是自发形成的开放市场，且已成为市
民生活中一个不可分割的部分。随着城市的发展，更多元、更复杂的
城市功能开始出现，土地价值也日益提升，原有低密度街区遇到了现
代城市发展需求的挑战，但建筑师与政府依然高度重视传统的生活方
式，将公寓、市场、商业、休闲等各项功能有机地组织在了一起，形
成了这个从"非形式"出发的城市综合体。

　　离开车站，向南前行，便是朝着水边和我所工作的事务所方向
前行。我初识鹿特丹时的标志"Willemswerf大楼"——那座著名的
斜面高楼——也逐渐进入眼帘。Willemswerf建于20世纪80年代，到
现在竟然也崭新如初。建筑面向水面的一侧简洁规则，一道斜面清
晰地确定了这座建筑的特征。建筑用地紧张且周围车行路线复杂，

鹿特丹市场大厅（Rotterdam
Market Hall）设计：MVRDV

正面紧邻城市快速干道。为了不在主干道上造成交通拥堵，车辆的
进出口设置于建筑的背面，从竖向上看，建筑空间整合了辅助性次
干道、室内停车库，将局促的建设用地充分利用起来，有效地减少
了建筑周边交通对城市的影响。荷兰地势低洼，因此，建造地下室
的成本很高，也不符合结构原理。因此，大部分办公楼的室内停车
都在地面以上解决，形成了独特的建筑特征。

　　水边，伊拉斯谟大桥（Erasmusbrug/Erasmus Bridge）尽收
眼底。这是一座790米长的斜拉桥，连接城市南北两岸。138米的桥
塔（pylon）支撑、斜拉着两侧桥面，呈现出独特姿态。弯曲向上的
造型犹如天鹅颈，因此这座由建筑师设计的大桥便获得了昵称——
"天鹅"（De Zwaan，即the Swan)。

　　在大桥南侧，是鹿特丹的新建商务区，办公大楼云集争艳，
位列"欧洲最佳天际线"（Top European Skyline）榜单中，与法
兰克福、伦敦、巴黎、莫斯科同列。这里拥有荷兰最高的住宅楼：
Montevideo Tower (160米)，最高的办公楼：Delftse Poort (160米)，
186米高的欧洲之桅（Euromast）……在低矮平坦的荷兰土地上，成
为一个鲜明跳跃的城市空间。

　　在Claus en Kaan事务所的模型室里，窗外是美妙的滨水景观。
荷兰多变的天空使得这间屋成为了最好的观景厅，也是我使用过的
最"奢侈"的模型室，因此，常常一待就是半天而不觉得丝毫疲
惫。窗外，联合利华总部那倔强果敢的空中楼阁、全球顶尖会计公

鹿特丹中心Beurstraverse步
行街

司所驻斜立式大厦都在通透的空气中清晰可辨。

若多走过几个欧洲城市，会发现一条规律：商业中心区往往距火车站非常近，因此到欧洲各地旅行只要到达中央火车站，也就进入了这个城市的核心。鹿特丹也不例外。穿过一组低矮的商业购物区，便到达商业街区的核心：下沉步行街"Beurstraverse"。这个由荷兰Cie.建筑事务所设计的购物中心颇有些与众不同：之所以选择下沉式，源于此地为当年被德军轰炸后的弹坑，也是德军暴行的铁证。城市重建过程中，设计者特意将其保留以警示过去。当然，这也符合经济与尊重地形的原则——即使这个地形是以这样的方式塑造出来的。无论怎样，设计匠心依然令人唏嘘感慨：当年是最繁华热闹的都市中心，被轻易摧毁。今天可以在历史伤痕周围继续坚持商业的繁华，是在显示惊醒、自强？亦或是宽容、现实？由于这样特别的历史，鹿特丹人将此处戏称为"购物战壕"（Koopgoot），也似乎有些"革命乐观主义精神"。事实上，这里不仅是下沉空间，也是一个立体交通空间。南北向的道路在地面上，包括了汽车、有轨电车交通，而东西向的步行空间则从下面穿过，由车行道两侧各延伸出约100米，通过平缓的台阶将行人引向下沉空间。走到纵横道路交叉处，又有地铁出入口与步行道连接，自然而便捷。

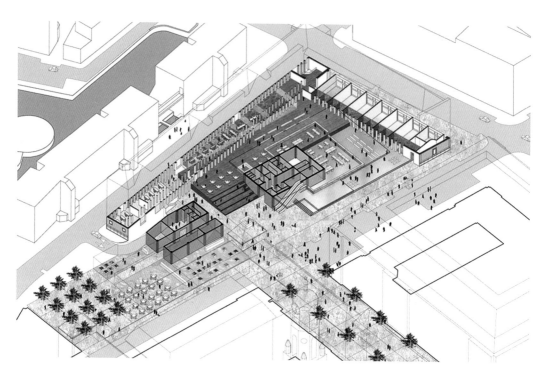

上 鹿特丹新市政厅底层空间分析

下 鹿特丹新市政厅设计效果图 设计：OMA

1.4 海牙：绿叶间的金狮国徽
Den Haag: Royal Brilliance in Peaceful Green

　　海牙，距代尔夫特最近的大城市（50万人左右，位居荷兰第三），乘火车前往不过十几分钟。要书写这样熟悉的近邻，却只因"身在此山中"，反倒有些无措了。就像"矛盾"的荷兰一样，在国际事务中，看似平淡无奇的海牙，实际上声名显赫：虽不是荷兰首都，却是中央政府和王室的所在地，国家议会及各国使馆都设于此，更有国际法庭的存在……掩藏于树林中的重要机构，使平静的海牙更增添了几分神秘。

海牙历史地图（1868）

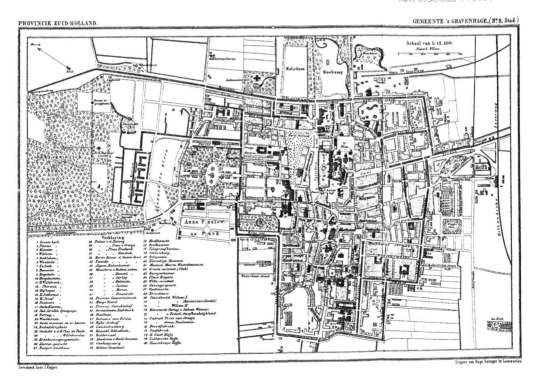

左 海牙城市中心卫星图
右 海牙的电车轨道

狩猎场上建起的国家政治中心

如今地位显赫的海牙，其出身却十分卑微。与众多欧洲名城的悠长历史相比，海牙的创立史质朴而平淡，更没有流传千古的美丽传说。当中国几乎已经走到南宋的尽头时，这片土地还只是贵族狩猎驻留的地方，有的只是绿林、草地、犬吠……直到1248年，在这片满是马蹄印的土地上，出现了一个最为关键的转折点——荷兰伯爵威廉二世鞭子一挥，作出了一个改变此地命运的决定：选择这里作为自己的居住之地，并开始建造城堡。从此，这片广袤的狩猎场有了一个正式的名字，虽然命名得是那样的漫不经心——"Des Graven Hage"（荷兰人俗称它为"Den Haag"，法国人称它为"La Haye"，英国人则称它为"The Hague"），意指"伯爵家的树篱"。

伯爵的远见着实令人钦佩。到17世纪，"草根"出生的海牙已成为荷兰七省联合行政机构和中央政府的所在地。几经起落，最终，海牙正式成为荷兰王国的君主驻地——有实无名的行政中心。到了近代，海牙更可谓举足轻重：1899年和1907年，两次在此举行的世界和平会议使海牙成为了永久性的国际法中心，并建设了和平宫。"二战"期间，海牙遭受战争重创，"大西洋壁垒"[1]横穿城区，邻近建筑都被纳粹德国拆毁。战后，海牙坚强地站了起来，迅速开始了繁杂的恢复重建工作，城市也逐渐大规模地向西南扩展。

① 大西洋壁垒（德语：Atlantikwall），又称大西洋铁壁或大西洋长城。1941年12月，即德军在莫斯科城下开始遭到失败的时候，希特勒就担心盟军可能在西欧登陆，下令从挪威到西班牙沿岸构筑一道防线，由相互支持的坚固支撑点组成，称为"大西洋壁垒"。

左 海牙城市中心

右 城市道路的细节，不同铺
贴方式的线路提供不同的功能

海牙市中心的建筑

平易的温情

海牙是神秘的，更是平易的。当年"伯爵家的树篱"，如今已成为一个绿意盎然和宁静恬淡的欧洲名城。没有阿姆斯特丹的熙攘喧闹，也不似鹿特丹的规则整齐，这里是平和与充满温情的。市中心建筑大多低矮，街道不宽且多曲折，行走其中，轻松而惬意。

第一次接触海牙，是在一个初冬周末的早晨。刚到荷兰不久，对一切都新鲜好奇，独自乘车过去，想看看这是个怎样的城市。荷兰的星期天安静得出奇（后来才知道，星期天商店是不营业的），更显得寒意浓浓。漫步街头，只有相机清脆的快门声相伴。突然，眼前出现一排宽大的树木，纵深向前，那是一处名为Lange Voorhout的林荫大道，拉了拉衣领，向前走，脚下踩着散碎的石屑铺地。此时的树叶都已经脱落，树林显得疏朗而寂寥。一阵悠扬的小提琴声从远处飘来，温润但略显伤感的琴声一下子钻进我的心里，刹那间似乎触碰到了内心的某种情绪。琴声来自不远处的一棵

左 唐人街的中国年
右 街头的摄影展："野性欧洲"

树旁，我走过去，在拉琴者面前稍停一下。他礼貌地欠身致意，但琴声未断。我向地上摊开的琴盒里投下一枚硬币，是盒中的第二枚。走过几步，迟疑一下，回头按下了快门。没敢多费时调整构图，生怕会引起他的不安。渐渐走远，琴声却未绝。

　　这便是我对海牙最初的但也是印象最深的一个画面，沉静、平和，但似乎有些寂寥。但只要春天到来，绿色便成了城市的主色调，冬季那孤寂的感觉也一扫而光，城市变得温情、闲适，静静地接待着每一个来到这里的人。早年的中国人漂洋过海来到这里，逐渐在城市最中心处形成了唐人街。春节期间，唐人街里舞龙舞狮，敲锣打鼓，还有很多其他民族的人们前来观看，气氛热烈而友好，甚至浓过在国内的部分城市。几个我熟识的中国留学生参与了春节的舞龙表演，很早就开始训练，多次往返于代尔夫特与海牙，从未抱怨过苦累。就在2010年春节前夕，一个完全由海牙市政府出资兴建的中式牌楼在这里落成，在欧洲大陆尚属首例。

上 冬天的Lange Voorhout林荫大道
下 夏天的Lange Voorhout林荫大道

青草幽香中的皇家驻地

市中心有一处重要的建筑群——荷兰国会（Binnenhof）。几世纪以来，这里都是荷兰政治中心所在地。事实上，在荷兰语中"Binnenhof"本是"内院"而非"国会"之意。这样一个朴素之名需要进入院内才可体会真切。与法、德、西等国皇家建筑的恢弘相比，这里几乎只能算作"乡下"——朴拙的红砖外墙怎可以与巨石柱廊相提并论？但此地对于海牙，甚至整个荷兰，却是举足轻重的。1248年，威廉二世便是在这块土地上建造自己的城堡并创立了海牙。由于周围缺乏石材，即便是这样的重要建筑，依然不得不采用清水砖墙，并将这样的朴素立面保留至今。若不事先了解，会真以为这是一处古旧的豪宅而非一国之政治中心了。

如今，伯爵的内院早已可随意穿越。进入其中，全然感受不到国家行政中心的威慑，倒是有一种如时光倒流般的历史亲切感，依稀中，古战场上的英勇骑士与历代传承的皇室家族就近在眼前。骑士楼（RidderZaal）是院内最引人注目的建筑，位居于略偏南一侧，是当年威廉二世未完成城堡中的遗留部分。骑士楼左侧为休战厅（TrevesZaal），为纪念17世纪荷兰与西班牙休战十二年而建。

荷兰国会

左 和平宫外观
右 和平宫的总体布局与周边环境

　　国会院外，便是一潭湖水。站在桥上，滨水的国会建筑与其邻近的莫瑞泰斯(Mauritshuis)美术馆清晰可见。天鹅、野鸭在湖中悠闲游过。一组喷泉冲破水面，与沉稳的老建筑构成了一幅动静结合的图像。自然与历史，就在这悠然间定格。

　　但要说起海牙的国际知名度，至少有一半缘由要归于"海牙国际法庭"(International Court of Justice)的存在——联合国的六大机构之一。国际法庭设于城市北郊的和平宫内，也是国际法图书馆和国际法学院的所在地。和平宫的建筑理念即和平——"如世界和平本身的理念一样强大和壮丽"。和平宫由法国建筑师Cordonnier设计，建造于1907~1913年之间，是一座灰色花岗石底座的红砖坡顶建筑。建筑周围是郁郁葱葱的树林，远看犹若森林中的一座城堡。和平宫大门一侧，有一处小小的景观，那是一个名为"世界和平之火"（the world peace flame）的纪念小品，那是于1999年7月，由来自世界五大洲的七处和平之火汇聚而成的。圣火的周边围绕着近200个国家捐赠的石头，石头各色各样，都半嵌入土中。我特意寻找到来自中国的一块，位于景观入口的右侧，一块美丽的玉石。

　　有趣的是，在海牙还有另外一处名称极为相似的机构——海牙国际刑事法庭（the International Criminal Court in The Hague），常有人将两处机构混淆起来。事实上，"海牙国际法庭"是不用于审判个人的（海牙国际刑事法庭即将迎来新总部的建设，丹麦建筑事务所SHL赢得了设计竞赛）。

上 海牙国际刑事法庭外观效果图设计：SHL
下 海牙舞蹈音乐中心设计：扎哈·哈迪德

上左 电影院综合体：优美的砖砌立面
上右 海牙市政厅设计：理查德·迈耶
下左 荷兰财政部大楼（旧建筑改造）
设计：Meyer en Van Schooten Architecten BV
下右 荷兰财政部大楼外观

艺术的微笑

夏季来临，海牙的气候依然宜人，极少有难耐的高温，户外活动便成了城市最重要的体验。街头、水边常有各种艺术与展览活动，不时有雕塑、摄影展览开幕，艺术品沐浴在阳光与绿色之中，整齐的树列与艺术品一道，将原本冬日里萧瑟寂寞的城市街道转化成了一座露天的雕塑博物馆。人们相聚于此，或评点、或欣赏，城市仿佛也因此注入了新生命。徜徉于艺术作品之间，嗅到阵阵青草的气息，整个艺术品都仿佛活了过来，伸手来触摸你的心灵——这样的感觉，在那些密闭的展室中是难以获得的。也许这就是皇家驻地应有的雍雅气质，向身居其中的人们渗入艺术的滋养。几个世纪以来，海牙就是这样以简简单单的自然与自信，面对着过往的人们。

紧邻国会建筑群的"莫瑞泰斯（Mauritshuis）皇家美术馆"也许正代表了海牙的风格——低调却富有内涵，规模不大但不乏精品。这是一座17世纪的典型荷兰古典风格建筑，原本是一处皇室的滨水豪宅，后来逐渐演变为画廊。馆内藏品包括了鲁本斯、维梅

远眺莫瑞泰斯皇家美术馆

尔和伦勃朗等多位大师的作品，特别是维梅尔的"戴珍珠耳环的少女"、"代尔夫特风景"以及伦勃朗的"解剖学讲义"、"老年自画像"等镇馆之宝，令我驻足良久。

建筑灰顶白墙，方正端庄，倒映于波光粼粼的湖面，精巧且自信。偶有野鸭与天鹅振翅嬉戏，为这份宁静添加了生命的注脚。大幅的"戴珍珠耳环的少女"海报悬挂于建筑正面。入口位于建筑一侧的半地下处，由此登上二楼，踏足于巴洛克风格的长毛地毯，屏息赏画，于皇家宅第之中，享受来自数百年前的艺术教诲。

"莫瑞泰斯"最初由荷兰"黄金时代"的建筑师Jacob van Campen和Pieter Post设计。建筑一侧的入口，虽别致但仍嫌狭小局促。随着品质的提升与空间扩展的需要，"莫瑞泰斯"又将迎来一次新的发展。阿姆斯特丹的著名建筑师Hans van Heeswijk承担了这项改造与扩建设计。在未来的蓝图中，将通过地下交通大厅将美术馆与街道对面的建筑连接起来，将空间大大扩展。扩建部分包括新展厅、讲堂、会议室和教育空间等，将使得现有展馆面积翻一番。届时，一座轻盈剔透的"莫瑞泰斯"将呈现在海牙的城市中心。

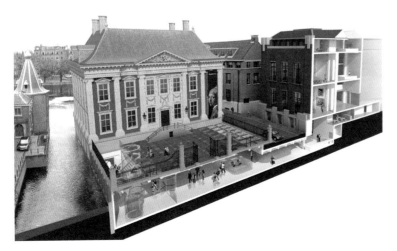

上 莫瑞泰斯皇家美术馆扩建设计方案鸟瞰
下 莫瑞泰斯皇家美术馆扩建设计方案剖透视

海牙市立博物馆（Gemeente Museum）

---

① 荷兰艺术家康斯坦特·纽文惠斯（Constant Nieuwenhuis）在1956年就针对未来社会的需要提出了富有远见的建筑方案，并在随后长达20年的时间内一直从事这一工作。1957年，他成了国际情境画派的创始人之一，并发挥了核心作用，直到1960年，他退出了国际情境画派。作为纽文惠斯最终所愿称谓的方案，"新巴比伦"乃是意欲引起争论的一种情境城市。"新巴比伦"被阐述为无穷系列的模型、草图、刻版画、平版画、拼贴画、建筑图纸和照片拼贴以及宣言、文章、讲演、电影。"新巴比伦"也是批判传统社会结构的一种宣传方式。

另一座重要的博物馆——海牙市立博物馆（Gemeente Museum），则是由荷兰建筑的现代主义先驱贝尔拉格（H.P. Berlage）于20世纪20年代设计建造的。博物馆中，风格派创始人皮埃特·蒙德里安（Piet Mondrian）的作品收藏数量位居世界第一，其中还能见到荷兰艺术家康斯坦特·纽文惠斯（Constant Nieuwenhuis）的"新巴比伦"城市设计模型。① 建筑沿城市主干道一字展开，通体用浅黄色砖砌筑，在幽蓝的天空下尤为漂亮。与贝尔拉格在阿姆斯特丹的名作"证券交易中心"一样，建筑体量构成关系清晰，有条不紊。

贝尔拉格认为，建筑外观不应给公众留下深刻印象，但应具有邀请欢迎之感，因此，建筑整体平实低调但细节丰富耐看。走过入口长廊，进入内部，便呈现另一番景象：内部装饰以白色墙面为主，辅以彩色瓷砖、铜制窗框与微妙的细节处理，展厅中有多处舒适坐凳，都是融入建筑的，而非活动家具。建筑师尽一切努力来吸引与服务公众，创造出提供便利的博物馆，让人们能够完全沉溺于艺术的享受中。展览区并不大，而且尽可能地与走廊隔开，以避免分散注意力。每间画廊都有独特的日光照明。

走出建筑回望，长廊、高塔、水体、内院……一切都是那样的不动声色。

看不见的城市设计

若讨论到现代建筑，海牙相对荷兰其他几个主要城市来讲是低调的。除了几个古典风格的政治性建筑物，整个城市并没有显而易见的重量级现代建筑，即使这里有OMA、理查德·迈耶等大师手笔的存在。在海牙，形成城市面貌的主体元素是大量砖墙立面的建筑物，不仅是沿街的小型商店、住宅，许多大型公共建筑也采用砖作为主要外墙材料。这里不仅有国会大厦，还有典型"阿姆斯特丹学派"风格的"女王店百货大楼"（De Bijenkorf）。[①] 值得一提的是市中心的电影院综合体，表面那一丝不苟的排砖方式令人赞叹，即使是在这样的现代建筑中，也依然协调。砖与大的虚实空间、自动扶梯这样的现代建筑元素组织在一起，丝毫不觉得突兀与生硬，耐人寻味。相反，与电影院隔街相望的市政厅（理查德·迈耶设计），那来自美国的"白色派"风格就与这个城市的气质相去甚远了。虽然整个市政厅内部品质很高，使用起来也便捷舒适，但若从建筑外观来看，我依然认为这样的房子其实不该属于海牙。

当然，形象只是建筑与城市关系中的一个方面，更重要的是建筑群体组织以及与城市整体系统的关系。在市中心，市政厅联系着几个街区，并与OMA设计的剧场围合着城市广场，市民可以轻松方便地穿越建筑，使用建筑的各项功能。这里与整个火车站前中心区设计一起，创造出了一个流线清晰、疏密有致，同时整合了地上地下城市活动的综合空间。特别是在地下空间的组织里，地铁、步行、停车等多项交通行为集中到一个空间中，分层联系互不干扰，将整洁留给了地面空间。这里虽不同于国内近年来建设的大型交通或换乘枢纽，规模也小很多，但OMA的设计却以"太极推手"一般的巧妙着力，将交通行为与空间情趣结合起来，以隐匿的方式将设计渗透进了这座城市，让我真真切切地看到了何谓"发达"——那往往不在抬头仰望的几个标志性建筑上。

除了市中心，海牙郊区的新住区建设同样极富特色，其中最有影响的是一处名为"Ypenburg"的大型新社区。该社区是于1994年依据"Vinex政策"（Vinex Policy[②]）在原有军用机场的基础上发展起来的，包括了约1.1万套住宅以及办公、商业服务设施。我对"新住区建设模式、建筑多样性、居住人群的综合性、居住与工作、郊区与交通"等问题的思考，都在这里渐渐得到感悟。

在空中，可清晰地看到Ypenburg的规划布局与传统欧洲城市迥

① "Bijenkorf"的意思是"蜜蜂中的蜂王"。由于蜂王只能是雌性，所以也是"女王"。另外，荷兰的商店要有至少100年的历史，而且要在这段时间内正当经营，信誉良好，这样的商店可以提出申请，对于通过审查的商店，女王会授予其勋章，并在商店的名字前加上"koninklijke"的字样，即"皇家"。基于两个原因，这家百货公司便被老一辈中国留学生译为"女王店"，实在是神形兼备，远比直接叫"蜂王百货"好了许多。
② Vinex即the Fourth National Policy Document on Spatial Planning（荷兰语为Vierde Nota over de Ruimtelijke Ordening Extra），第四次空间规划国家政策文件。

① 荷兰传统村落中常用水体
环绕作为安全保障。

然不同——清晰明确的直线型道路网格，每个区域分别按照一定的主题独立开发，由建筑师对基地历史特征和居住人群的分析而成。因此，各个独立街区的建筑肌理明显不同，或密或疏，呈现着别致的多样性。

事实上，Ypenburg的规划极好地利用了原有景观模式，将原始地形关系与道路新网格叠合起来，以达到寻求创新、识别和延续的可能性。它既尊重荷兰传统村庄中隐含的安全防御模式①，更没有把它当作白纸一张而"无中生有"，而是通过丰富周全的基础设施与交通线路将住区与更大的城市脉络联系起来，既相对独立，又方便快捷，以致于不少代尔夫特的中国留学生选择租房住在这里，享受荷兰的"滨水豪宅"（价格其实比市区公寓楼便宜不少）。从某种意义上说，这样的高品质与现实性展示了当代城乡混合型住宅的未来。

Ypenburg核心区是由MVRDV、赫曼·赫兹伯格（Herman Hertzberger）、克劳斯·康（Claus en Kaan）等多家事务所联合设计的。这块区域与外界接触的两面临水，通过小桥进入社区，在空间感受上，犹如进入了一片岛屿，独立而宁静。由于原始基地中有大片水域，因此便都以"水"为主题，建筑师进行独立自由的设计。

康斯坦特·纽文惠斯的设计
模型

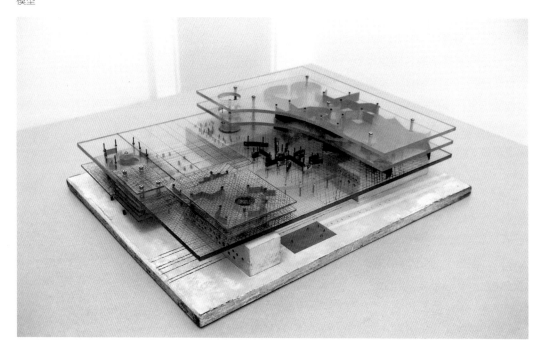

　　MVRDV与赫兹伯格设计了核心区最外围的部分独立式别墅，对水作了最直接的回应。MVRDV设计的四栋木质坡屋顶住宅，质朴中带有清晰的现代主义倾向，同时不乏"家"的温情。赫兹伯格的建筑造型犹如翻扣过来的船只，通透轻盈。MVRDV设计的"院岛"以黑色木板瓦覆盖着这个内向的住宅群落，高高昂起的多排单坡顶从院墙外围即可看见，墙内则是尺度紧凑的独家小院。一次，我正在这个组团拍照，遇到一对年轻夫妇回家，见我对这所房子感兴趣便热情邀我进入院内参观。狭长的院落有些类似我国皖南民居中常见的小天井，安静温馨，但没有外向的视野。院内摆置着主人从世界各地带回的艺术品。从他们自豪的解说中，我感觉到了浓浓的生活与爱情的气息。

　　是的，与建筑师的创造力相匹配，甚至更胜过的是这些热爱生活的居民在自宅中的尽情发挥，使这里增添了别样情趣。把"房子"变成了"家"，才真正赋予了建筑物以生命。多次前往Ypenburg，我喜欢见到每扇窗户后面不同的变化。与建筑师费尽周折的形态推敲相比，居住者才是真正的设计师，他们设计着生活——寒暑冬夏，人们以自己的方式愉快地表达着。

Ypenburg规划总图：图中可以看出不同事务所承担的内容

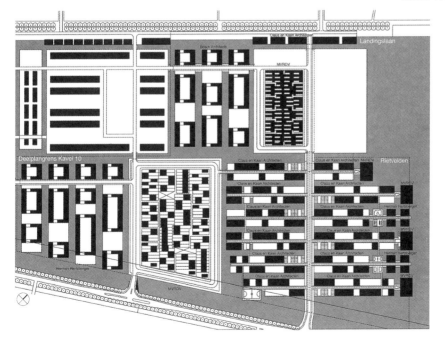

上 Ypenburg远观

下左 Ypenburg鸟瞰

下右 Ypenburg中的住宅 设计：MVRDV

建筑未来

今天的海牙，已开始了新一轮的城市建设。在低调、平和的城市气质中，一个个高水平的重要公共建筑即将亮相。最近颇有影响的新作包括了海牙国际刑事法庭新总部、海牙舞蹈音乐中心等。

2010年3月，海牙国际刑事法庭公布了其新总部的设计方案。竞赛吸引了20多家高水平的建筑设计团队参加，包括大卫·奇普菲尔德（David Chipperfield）、梅卡诺（Mecanoo）、OMA、维尔·阿雷兹（Wiel Arets）、SHL、隈研吾等著名建筑师团队。经激烈角逐，最终来自丹麦的SHL（Schmidt Hammer Lassen）建筑事务所赢得了本次竞赛。

整个建筑氛围轻松，全然不像其名称那样给人压迫感与威慑力。正如SHL负责人Bjarne Hammer所说："对于罪犯和他们的家属，乃至整个世界来说，国际刑事法庭都必须表达出尊重、信任和希望这几个特点。建筑不可以平淡无奇，它必须有勇气来表达出它自身的价值和可靠性。""建筑要被设计得像是一座抽象而又不拘形式的雕塑。这样，它才能体现出信任、希望和对正义及真理的信心。"

2010年7月，另一场未来的建筑盛宴也揭开了它的面纱——海牙舞蹈音乐中心（Dance and Music Center in The Hague）的设计者敲定。经过层层筛选，英国建筑大师扎哈·哈迪德一举夺魁。

哈迪德的设计基于城市的动态变化，将建筑与周边环境密切地联系起来。设计的最大特色来自于大量水平线条构成的流动的表面形态。实体部位是较为私密的功能空间，而横条间隙拉宽的地方则将室内外直接联系起来。同时，这样的立面处理也必将产生全新的城市夜景。屋顶曲线与周边环境相对应，将建筑融入城市已有的肌理之中。入口要素展示出了建筑的公共性与开放性，使人能够便捷地进入建筑内部。数年后，在海牙市中心将会有这样一座极富特色的建筑存在，为城市夜间生活注入了全新的活力。

当然，城市的发展远不止这两座建筑。我们有理由相信，海牙，会在自己的这条道路上走得更好。

1.5 乌得勒支：运河、军事要塞与米菲兔
Utrecht: Canals, Historical Martial Fort and Miffy

乌得勒支（Utrecht），第一次接触到这个有些古怪的名字还是在十几年前。那是在"外国近现代建筑史"的课堂上，一个近乎是纯粹立体构成的住宅与这个城市的名字联系在了一起。建筑出现在小小的一张照片上，立即与同时代的建筑拉开了距离。课本对它着墨并不多，似乎没有"流水别墅"、"萨伏伊别墅"那样名声显赫，但那仅有的一张照片，却深深地印刻在了我的脑海里。

来到荷兰后，有机会探寻这些模糊但依然闪亮的记忆，一件件寻宝般地拜访、体验，将散落在头脑中的孤立案例一个个重拾起来，并将简单的视觉记忆转换为切身感受，不再淡忘。

古罗马·莱茵河·军事要塞

公元47年（我国东汉时期，那时还没有一个叫"荷兰"的国家），古罗马的疆土已蔓延到欧洲西北部，以莱茵河为边界。为防御住莱茵河口，古罗马人建设了一个名为"莱茵渡口"(Traiectum ad Rhenum)的军事要塞。"Traiectum"即为"跨越"之意，而在当地语言中，"Traiectum"被称为"Trecht"。由于地处莱茵河下游，这座要塞便被称为Uut-trecht（"uut"在古荷兰语中意为"河流下游"）。最后，这个"Uut-trecht"慢慢演变为"Utrecht"——乌得勒支。

这座军事要塞守卫着古罗马帝国的疆土达两百年，直到3世纪，崛起的日耳曼人一路西进将其摧毁，并结束了罗马帝国的统治。虽然已经"城头变幻大王旗"，但乌得勒支作为一座城镇，却继续向前发展。12世纪时，这里已经成为了一个兴旺繁荣的贸易中心，运河两岸，各类建筑鳞次栉比。军事要塞的痕迹被逐渐抹去，一个美丽的中世纪小镇出现了。随后，因铁路与公路的开发，地处交通枢纽的乌得勒支的地位更是逐渐升级。

故事的开头虽然是由古罗马人创造的，但荣耀却由尼德兰人谱写。军事要塞建设的1500年后，"乌得勒支"这个名字与荷兰的缔

造紧密地联系起来了。1580年1月，在尼德兰地区的"八十年战争"
中，荷兰、泽兰等10多个省的代表在乌得勒支缔结了"乌得勒支同
盟"，宣布要"像一个省那样"联合行动，并制定了共同的军事和
外交政策，奠定了后来"联省共和国"的基础，这在本书的引言中
已经提及。

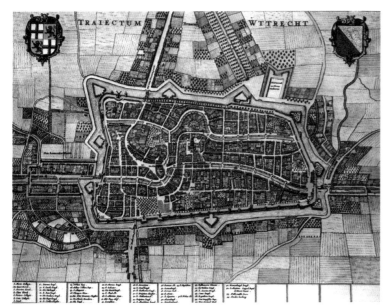

上 乌得勒支历史地图
下 乌得勒支中心卫星图

① 世界上仅有两座城市的运河是如此分为两个层次的，一个是美国的圣安东尼奥（San Antonio），另一个便是乌得勒支。

② 7世纪后期，改信基督教的法兰克王丕平二世掌权，命荷兰传教士为第一任大主教，以乌得勒支为中心。自此，乌得勒支逐渐成为了荷兰基督教的大本营。

历史的馈赠

狭短的篇幅，怎能容下漫长的历史传奇？历史与现代共同辉映在这座城市。我对乌得勒支的喜爱，如同欣赏一件式样古旧但构造精良的钟表——城内众多的水道和精巧穿梭的街巷，让这个城市依然精密不休地运转着。近两千年的建城史，使乌得勒支从容而内敛。运河虽在荷兰四处可见，但在这里却有些特别。过去，乌得勒支运河两岸都有低于道路一层的仓库，便于装卸货物①，如今，旧时驳船载货的平台早已成了露天咖啡厅。紧依水面，两三米宽的平台正适合宽松地摆下桌椅，上下高差使得街道上熙攘的人群丝毫不会打扰到水边的低语闲谈。

同样的空间，不同的时代。一眼望穿，耳畔传来悠扬洪亮的教堂钟声，竟仿佛已置身于遥远的中世纪了。

在乌得勒支老城中心，最醒目的标志物莫过于那座荷兰最高（112米）的钟塔（荷兰语：Domtoren，又称圆顶塔）。由钟塔的高度往往可以窥视到其城市的宗教地位。② 紧邻钟塔的便是主教堂——圆顶教堂(Domkerk)。教堂始建于1254年，断断续续造了近三百年，直至1520年才停止。由于时间漫长，随着后期资金的困难及文艺复兴思想的影响，建设中逐步进行了简化：大厅不用砖砌拱顶而采用木质顶棚。原本钟塔与教堂为一个整体，1674年的一场龙卷风竟把钟塔与教堂的联系部分毁掉了，损毁的部分没有再复建，而是留下了一片空地。

左 19世纪的乌得勒支运河，下层作为货仓之用

右 今天的乌得勒支运河，下层是休闲餐饮的场所

如今，这片狭小的空地早已是大树参天，与多数大教堂恢弘的广场相比，倒更显得尺度亲切，犹如自家后院一般。穿过钟塔底层的门洞，抬头仰望，塔身在盘错的枝叶间强烈聚缩，一种向上的力量油然而生。漫步老城，几乎是不用地图指引的，只需抬头仰望，总能在某个地方找寻到钟塔的存在，提醒着当下的方位。

沿河道两侧多为商业、餐饮，人流如织，而也许就是一街之隔，便立即寂静冷清了。这便是乌得勒支的妙处，可以不断地在熙攘与宁静间切换，在饱览琳琅满目的橱窗后，会立刻置身于数个世纪以前。脚踩在凹凸不平，但已被磨得光滑发亮的石板路上，艺人的琴声伴随着街角面包店的淡淡香味飘然而至……生活就是这样，原汁原味，毫不造作。

老城里还暗暗地珍藏着很多极富价值的物件，不仅有"中央博物馆"、"大学博物馆"里的油画、文献，还有 "音乐盒博物馆"、"迪克·布鲁纳故居" (Dick Bruna Huis)——"米菲兔之家"、"火车博物馆"里的新奇与童心。这些隐于城内、毫不张扬的文化宝库，就像一个个奇妙的盒子，收纳着乌得勒支历史上沉淀下来的各色文化。其中，我对米菲兔尤为喜爱。看完数百年前的沉重、逼真的宗教油画，出门便可一头钻进迪克·布鲁纳故居博物馆，去看看他笔下那只风靡全球的米菲兔（miffy）。简化为 "X" 形的嘴与两个小黑点眼睛，构成了米菲兔永远不变的表情，但就是这个面无表情地小家伙，带给了无数孩子欢乐与想象。墙上，用各国文字写着"欢迎来我家做客，米菲"。人们从世界各地来到这里，在这

左 乌得勒支教堂钟塔：荷兰最高的钟塔
右 城市中的森林

个纯真的世界里玩乐。到来的不仅有孩子，更有曾经是孩子的大人们。米菲的故事很简单，通常只有一两句旁白，有的故事甚至没有一个字。"这可以给孩子们留下许多思考和幻想的空间，我希望8个月以上的孩子都能看懂我的书，并且没有语言障碍，让任何一个国家的孩子都能看懂。"迪克·布鲁纳（1927- ），这位一直生活在乌得勒支的可爱老人如是说。看着满屋快乐的孩子，不同肤色，不同语言，他的确做到了。

值得一提的是，漫长的历史并没有使城市发展得肆无忌惮。到乌得勒支的第一次，我与朋友从老城向乌得勒支大学步行，其间向一对正在跑步的年轻人问路，他们非常热情地建议了一条河道旁的林荫大道，并告诉我们，那是一段非常非常漂亮的道路。我们听从了意见。河道旁参天的树木使我们单纯地开心。闭眼，呼吸，那雨后淡淡的树木味道几乎已将整个身心都带入了森林，而事实上，这里距离市中心仅需步行十分钟。

左上 米菲兔（Miffy）作者：Dick Bruna
左下 艺术家笔下斑斓多彩的乌得勒支老城
右 米菲兔之家室内

城市的创造力

悠久的历史丝毫没有压抑乌得勒支涌动着的创新精神。在荷兰，甚至在整个西方现代主义的探索过程中，乌得勒支都称得上是一个有分量的名字，里特维德在此设计的"施罗德住宅"便是现代建筑运动中的一面闪耀的旗帜，也将著名的"风格派"推向了世界建筑舞台的前沿。创新的背后是深邃的思考。从乌得勒支大学校园中荷兰建筑师的集体表演到西班牙建筑师恩瑞克·米拉莱斯（Enric Miralles，1955-2000）在市政厅扩建中的特立独行，乌得勒支从未停止过对创新的追求和支持。[①]

若要看新建筑的话，市政厅扩建是老城中最值得体会的地方。早在650年前，这座建筑的位置便已是乌得勒支的行政管理之处。1997年，乌得勒支政府委托米拉莱斯对老市政厅进行改造扩建，并希望建筑传递出公开、透明的气质。面对这样一处历史悠久的场所，米拉莱斯的解答令人惊叹。他以极富想象力的形式语言将新建

① 乌得勒支大学建筑与施罗德住宅在本书中另作专文介绍。

乌得勒支市政厅（米拉莱斯设计）

Divinatio餐厅
设计：Sluijmer & van
Leeuwen Architects

筑与旧建筑缝合在一起。在这次历史与当代的对话中，建筑师选择了表面的"抗拒"——对已存在状态的有意识回避——这一点是显而易见的。但细加揣摩，这样的"抗拒"实则是对历史更真实的尊重。正如米拉莱斯所言："想要永恒，就是在抗拒存在，事物在永远地变化之中。"米拉莱斯并不认可永恒不变的存在，他一手打破传统建筑面貌上那种均衡、对称，甚至有些一本正经的扭捏作态，用智慧与独创的形式直击心灵。镂空的窗洞，残缺的墙体，精心组织的水流路径，令人清晰地感受到米拉莱斯所关注的"建筑与时间"主题的存在。

某种意义上说，原有老建筑已经消失，隐藏在历史街区当中，而建筑师这样的"抗拒"姿态，却恰恰将老建筑的古典意义唤醒，刺激着人们再度审视这座经历了多个世纪的建筑。新建部分看似古旧的外墙和各种细节，使整座建筑显得柔和，并不咄咄逼人。就这样，站在广场上，眼光在新与旧之间游走。需要多一点的耐心与沉静，才可体察到渗透入建筑中的深意，并揣摩建筑师的独特匠心。

多次到访此地，我注意到停留在市政厅前广场的人并不多，大概是因为此地并非步行商业的汇聚点，与一街之隔的运河岸边相比，这里显得宁静，人们从此地经过，建筑与行人擦肩而过。于是，建筑便真的成为了一种无言的"时间采集机器"，将数百年时

Leidsche Rijn新城

空穿越般的体验定格在那似乎没有规律的规律之中。

　　如海牙的Ypenburg一样，在乌得勒支城市西侧，一座名为Leidsche Rijn的新城正在建设，并初具规模。根据1990年的"荷兰城市扩张政策"（Dutch urban expansion policy），这里将建设3万套住宅、大量配套商业与公共建筑以及相应的交通设施，吸引达9万人居住于此——这也是目前欧洲在建设中的最大居住项目。在新城中，除了建筑之外，交通与景观也是发展的两大重点。这里拥有完善的自行车道与独具特色的考古公园，展示了当年作为军事要塞的种种痕迹。

　　承担总体规划设计的Maxwan公司将总体概念确定为"Orgware"，意指将知识、观念（软件，software）放置于物质环境（硬件，hardware）之上。各个街区都进行了独立的设计，以获得更加丰富的社会生活可能性，吸引各个阶层的居住者与工作者。整个新城设计也吸引了如West 8（公园与景观）、维尔·阿雷兹（运动学院）等著名设计团队的参与。

　　如今，乌得勒支正在进行着中央火车站站前区域①、文化中心等重大项目的建设。在这个古老城市的年轮上，增添着一个又一个新鲜的印记。从当年的莱茵河军事要塞到国家缔造之地，再到今天的文化之都，就这样，乌得勒支不紧不慢，一路走来。

① 改造后，该区域内部分被填埋的运河网络将被复原。

代尔夫特中心广场鸟瞰，市政
厅位于广场的一端

代尔夫特卫星图，在老城基础
上，城市向四周逐渐延伸

1.6 代尔夫特：高科技中心旁的古老小城
Delft: A Historic Town with a Hi-Tec Young Neighbor

代尔夫特与青花瓷

代尔夫特是我在荷兰工作和生活的城市。书写它，自然带有更深的体验和情绪。初到荷兰，乘火车抵代尔夫特，雨夜中只能依稀辨认出一两个教堂尖顶，建筑几乎全部隐没在地平线上，突然对自己将要居住的这个"小镇"掠过一丝怀疑。翌日，友人领我去城内购物，走到中心，穿行在低矮的砖木建筑中，我竟然以为仍是"城郊"！的确，若单从城市的人口（9万余人）与尺度来看，代尔夫特似乎真是个不足道的小城市。可居住于此，对它了解越深，便越发察觉出这个曾被"低估"的小城的分量。

代尔夫特地处海牙与鹿特丹之间，若乘火车，距离两个城市都在20分钟以内。由于拥有著名的代尔夫特理工大学和荷兰应用科学研究所，代尔夫特也常被称作"知识之城"——这便是代尔夫特的现代面孔。事实上，若追溯历史，代尔夫特的地位丝毫不亚于今天由其卓越的科技水准带来的荣耀。

代尔夫特的名望，首先与荷兰的"革命"相联系。备受荷兰人民爱戴的皇室——奥兰治·拿骚(Orange Nassau)家族[1]的历史，便可追溯到这里。荷兰皇室的创建者是奥兰治王室的威廉王子(Prince Willem of Orange, 1533-1584)，而代尔夫特正是威廉王子发起抵抗西班牙入侵的革命的基地，后来，他也是在这里不幸被暗杀的。如今，代尔夫特仍保留威廉王子当年的居所，并作为王子纪念馆

[1] 正是因为"Orange"（橙色）这个词，荷兰人也喜爱用橙色来代表自己的国家。

代尔夫特历史地图（1865）

代尔夫特的青花瓷器
（Delft Blue）

(Municipal Museum het Prinsenhof)，以纪念这位带领荷兰人抵抗侵略的英雄。

另一方面，除了"革命历史"，代尔夫特也与著名的"代尔夫特蓝陶"（Delft Blue，荷兰语称Delfts Blauw）紧密相联，这还与中国有着颇深的渊源：

1584年（明万历十二年，这一年也恰是威廉王子被暗杀的年份），荷兰皇室向中国订购近十万件陶瓷制品。当时，代尔夫特的制陶工业有一定的基础，但出产的粗糙瓷砖与中国瓷器相比，立即相形见绌。于是，一股中国陶瓷热潮开始涌现。但后来由于中国国内时局动荡，生产力低下，无法满足大量需求，精明的荷兰商人便萌生了仿制中国瓷器的念头。17世纪初，荷兰商人从景德镇采购了大量白瓷釉和青花颜料，全荷兰的制陶名匠汇聚皇家代尔夫特陶瓷厂，开始仿制中国的青花瓷。约20年后，代尔夫特又受中国南京瓷塔彩砖的启发，开始生产彩色陶砖，供欧洲各国的皇室宫殿建设。从此，代尔夫特的陶瓷便在"仿造"中迅速成长起来，后来发展成了在欧洲独树一帜的"蓝陶"（其实就是"青花瓷"的荷兰版），并成为了代尔夫特引以为荣的城市名片。看来，对于"仿造"，似乎也不用太过贬低或抨击，历史的推进总是能够去伪存真并继承相应的技术的——代尔夫特便是这样一个生动的例子。在代尔夫特市中心，多家商店在经营着陶瓷制品，每当看到那蓝白相间的色彩，总是能够令人想起遥远的中国。

街巷、水道与教堂

代尔夫特始建于1246年，拥有一个保存良好的历史内城，曾有环城水道护城。漫步代尔夫特，老城内浓郁的传统风貌不禁使人随着时光倒流，走进数百年前的欧洲。水系是代尔夫特的重要特点之一，它的起源便是一条名叫"de Delf"的人工水道，后来在这里逐渐形成了一个重要的市集中心，大约相当于今天市中心市集广场的位置。多条运河穿越整座城市，内城遍布水道和小桥，河畔的小型传统建筑鳞次栉比，与阿姆斯特丹市中心颇有些相似之处，因此也有人称代尔夫特是"小阿姆斯特丹"。

老城中，建筑虽不断更新、加固，但除了个别边缘地段的建筑外，绝大部分建筑依然保持原样。冬季，常有雨雪，河面结冰，城里显得有些萧瑟。加之冬季过早地进入黑夜，使得城市也似乎进入了冬眠期，寥寥无人。春天到来时，几乎是一夜之间，绿草开始冒出嫩芽，不知名的野花也开始绽放，河道中随处可见的野鸭、天鹅开始活跃起来，四处觅食。阳光逐渐变得充足，白昼也更长。阳光灿烂时，河道的两侧便常常坐满了人。市区里的餐厅也将大部分桌椅设置于户外，将享受食物的乐趣与沐浴阳光结合在了一起。

　　若不是刻意去强化记忆，初到代尔夫特的人是极容易迷路的，虽然这个城市的核心区基本上与一个中国的住宅小区规模差不多。城市虽小，但能感受到的空间却异常丰富，既有仅容一人通过的窄巷，也有方整宽大的中心广场。沿河道形成的老街也各不相同，有静谧安宁的，也有热情活跃的，全看这街道与中心的距离以及历史上形成的行进路线。大大小小的桥将城市的各个区域串接在一起，老桥多为微微起拱的短桥，经过多年的触摸已经光滑的铁质扶手与碎砖拼贴的地面成为了代尔夫特历史的最直接的见证。令人称奇的是，汽车依然可以驶入老城，甚至还有公交车，通过城市中的一些不易察觉的细节设计，控制了汽车行进的线路，为现代生活与历史环境之间的平衡做出了极好的表率。

　　代尔夫特新教堂（**Nieuwe Kerk**）是整个城市的重要标志物，这座哥特式教堂，几乎在城内的任何一点都能够看到。教堂从1396年开始兴建，共花了整整100年的时间，一直到1496年才建造完成，曾因大火和爆炸损坏，经过多次整建，最后在1872年加盖了顶端尖塔。教堂顶端可以俯瞰整个代尔夫特。荷兰共和国的创建者——威廉王子的陵墓就教堂的地下室中。此后，王室成员的遗体都照例放入新教堂的地窖，代尔夫特因此和荷兰王室结下了不解之缘。

　　教堂与老市政厅正面相对，之间便形成了前文已提到的市集广场。这是老城的中心，节日庆典以及每周的贸易集市（**Open Market**）都在这里举行，因此，广场采用了全部的硬质铺地而没有绿化。在电影《戴珍珠耳环的少女》[1]的开头，女主人公走过市政厅，穿越广场走到街道的一系列镜头，正反映出了当时代尔夫特核

① 英文名"Girl with a Pearl Earring"，导演：Peter Webber，主演：Colin Firth, Scarlett Johansson, 2003年。

从笔者的公寓远眺代尔夫特城市中心

心区的特色。今天，脚下踩着的依然是砖头铺砌的小径与广场，若不看两侧的商店货品，时间几乎将数百年前的一切凝固了。

从市集广场向东南走，穿过小街，不足百米的距离，便来到城内另一个稍小的广场。这里全然是另一种味道。这里与邻近的市集广场最大的区别，便是那多棵大树。夏季，浓密的树荫将广场覆盖，其下成为了周围餐馆酒吧的最好的户外餐厅；冬季，树叶褪去，疏朗的枝干不再遮挡阳光，显得开阔明亮。隆冬时节，地面上设置一个与广场等大的"箱体"，其中注水结冰，便成了林中的滑冰场。大树在滑冰场内也并不像障碍，反倒成为了技艺生疏者的安全保证，更成为了冰上高手炫出技巧的道具。就这样，一个开阔直接，一个含蓄多变，一大一小的两个广场将小城中心的多样公共生活承载了起来，而且承载的是那样地舒服和不露痕迹。

继续向南，老城的边缘与大学相接的地方开始出现现代建筑。虽是现代建筑，但建筑师在材料与尺度上，依然极为尊重老城的肌理。公共图书馆、影剧院、超市多用红砖形成外立面，与老城的传统建筑悄无声息地续接在一起，并围合成另一处小型广场，购物、读书、看电影等生活在这里交织，充满了现代城市的活力。

今天的代尔夫特与当年的老城范围比，已经扩大了很多。向南，便是代尔夫特理工大学校园以及更南端的科技园区所在地，其面积与老城基本相当；而其他几个方向，也都建设了大量的住宅，尤其是战后的多层社会住宅，极大地改变着城市的面貌。但无论外围如何变化，代尔夫特老城依然平静如昔地存在于那里，一点点地改变着，更新着，同时依旧保持着自身的那份自信。

左 周末变为集市的中心广场
右 市政厅与广场

代尔夫特老街，远处为倾斜的
老教堂

左 代尔夫特市中心一景
右 代尔夫特临街建筑速写

曾被遗忘的大师：约翰内斯·维梅尔

除了漫步在古老的城市里，我个人乐于探究的，还有另外两个必须提及的代表，它们与代尔夫特息息相关：荷兰"黄金时代"的大画家维梅尔（Johannes Vermeer）与著名学府代尔夫特理工大学（TU Delft）——代尔夫特历史与现代的对应。其中后者留待下一章另文书写，此处单谈画家——透过他，看到了代尔夫特的过去，也看到了一位值得尊敬的荷兰人的成就。

与维梅尔的"相遇"，颇有些偶然。到荷兰不久，一日走在代尔夫特老城里，无意中抬头看见墙上有一块牌子，上面的建筑图画得十分精致，仔细一看：Johannes Vermeer（维梅尔）！原来这

左上 冬季的小广场：滑冰场
左下 夏季的小广场：户外咖啡厅
右 一个星期天的早晨

里就是大画家的旧居！如果今天要选择一位代尔夫特的形象代言人的话，我想那位著名的"戴珍珠耳环的少女"应该是毫无争议的人选，而创作这幅名作的，正是维梅尔。代尔夫特与维梅尔，一个城市、一位画家，在历史上被紧紧地联系在一起，他甚至被称为"代尔夫特的维梅尔"（Vermeer of Delft），因此，提到代尔夫特，维梅尔是绕不开的一个象征者。

与很多大画家成名后便移居他乡不同，维梅尔一生至死都待在代尔夫特，画下他的周遭所见。他的作品以小尺度的室内空间为主，通常是一两个人在室内劳作或休息，光线一般从左侧进来。画面描绘精确细微，在微妙的动态与光影组织中表现出人物与环境本身的质感与氛围。站在他的画前，有一种莫名的神秘感，几乎能够

左 代尔夫特公共图书馆
右上 代尔夫特老城的城门速写
右下 河边的"船屋"

左 油画：戴珍珠耳环的少女
（Girl with a Pearl Earring,
1665，46.5 cm × 40cm）

右 油画：代尔夫特风景
（View of Delft，1659，98.5
cm ×117.5 cm）

进入那栩栩如生的世界，感受到17世纪荷兰的各色情景，听见画中人的言谈。维梅尔的绘画仿佛能使人忘掉面前是一张画，而是一扇窗户，透过那窗户可以直接窥见真实。

虽然维梅尔生前在画坛也享有一定的声誉，但生活极为贫困，在世时竟然没有卖出过一张画，还经常不得不用画作抵债以维系全家生活，致使作品流散严重。1675年，他参加了抵抗法国军队入侵的战斗，但因过度劳累而在贫病交加中去世，终年仅43岁。从此，维梅尔在荷兰画坛便销声匿迹了，短暂的一生仅留下了35幅油画作品（也有资料称约40幅）。

历史总是有些相似的，也总是在最后才显示出迟到的公正。19世纪50年代，维梅尔的价值才被法国艺术评论家杜尔发现（成也法国，败也法国），并竭力搜寻其遗作并公布于世，才使这位埋没了近两个世纪的伟大画家再度光照史册。

维梅尔油画中独特的光影表达技巧吸引了大量研究者。有趣的是，他生前与同是代尔夫特人的著名人物安东·范·列文虎克（Anton van Leeuwenhoek）是好友。正是这位列文虎克，精通光学透视，发明了世界上第一台光学显微镜（代尔夫特理工大学一座新落成的纳米研究实验室便以他的名字命名，该建筑后文将详述）。于是，有人推测，维梅尔画中的光影捕捉技巧，可能在列文虎克那里获得过不少启发与帮助。

在海牙的"莫瑞泰斯(Mauritshuis)皇家美术馆"，我站在维梅尔的代表作"戴珍珠耳环的少女"前，亲眼见到这幅杰作时，甚至呼吸都有些急促起来。在这幅被誉为荷兰的"蒙娜丽莎"的画作中，几乎看不到画布上的笔触表演，似乎是将活生生的人呈现在面前。画幅不大，头像与真人大小相差无几，这更增添了画面的真实之感。寥寥数笔表现出的耳环珍珠精彩绝伦，而微微张开的嘴唇红润透明且似有温度，仿佛正准备开口轻声说话，实在是难以企及的肖像画高度！

维梅尔在另一幅代表作——"代尔夫特风景"中，将这座他生活了一辈子的城市表现得仿佛就近在眼前。也许受到中国青瓷上的绘画的影响，画面构图透视不拘泥于肉眼所见，疏密有致。凑近观赏，船体、墙面上那斑驳的色彩犹如光线在跃动，但依然着落在浑厚的材质之上，技法纯熟，丝毫没有压抑住质感的表现。画家以毫无杂质的眼光观察与描绘着这座小城，通透的空气轻轻地推动着变幻无常的云。静与动，就在这样的画布上凝固，可依然鲜活。正如保尔·克洛代尔（1868—1955）在《艺术之路》[1]一书中谈到这幅画时所写："在代尔夫特要看的，是荷兰最璀璨的阳光——纯净，细洁！——某种精神性，又是感性的东西，既非珍珠，亦非鲜花，而是视觉的精魂所系。全部的维梅尔都留在这滋润而透亮的气氛下。世界上没有一个地方，目光和反光会这样直视无碍，亲密无间，整个画面留下了画家精于观察的印记。山墙、平桥、钟楼，整整齐齐，单线直行，扑面而来，犹如幻境一般，同样的几何图形，同样的熠熠光彩，同样清冷而又清晰的魅力！"

维梅尔已离世三百多年，他的技法与思想，在今天无论怎样研究都只能是揣测。使我入迷的，是那朴实、无邪的近乎于数学家或照相机的目光。画家犹如在透镜的背后去捕捉外在世界。这个外在世界，又是如此单纯，没有宏大的场面或崇高寓意，无论是恬淡的室内一角，或者是城市普通场景的瞬间凝固，都巧妙地将画家所有的思想藏在了深不可测的笔触里。通过这些画作，不，这些窗口，看到了当时的代尔夫特，不是一个空洞的躯壳，而是充满着生活气息之场所。

当然，就像梵高一样，无论后人怎么样研究、评论、吹捧或是天价拍卖，都早已与他们无关了。站在距离市集不远的画家旧居旁，遥想当年，依稀中仿佛还有早市的叫卖声和鱼腥味——三个多世纪就这样无声流过。

[1] （法）克洛代尔，艺术之路．罗新璋 译．北京：燕山出版社，2006．

1.7 莱顿：人文与历史的荷兰名城
Leiden: a Long and Proud Historic City

　　荷兰的城市都不算大，但也能挑出几个最负盛名的来。除了阿姆斯特丹等几个国际知名的大都市之外，莱顿应该称得上名城之一了。她的历史，她的大学，还有那保存完好的城市街景，都是莱顿重要的财富与资源，但对于我来说，初到莱顿，迎接我的，竟然是星期六早上那生机勃勃的open market。

　　第一次到莱顿是在一个初冬的周末，天色灰暗沉闷，连荷兰最常见的多变云彩都看不到，倒有点像重庆的冬季，绝不算一个摄影观光的好天气。我走出车站，没有仔细查看地图，连相机也懒得从包中取出，随遇而安，闲逛进了这座城市。在国外的时间挥霍起来是不会心痛的，况且还是周末呢。

　　极端放低的期待其实是峰回路转的前奏。沿着主街道漫步不久，城市中心的景象开始生动活跃起来，河流旁的风车也开始强调

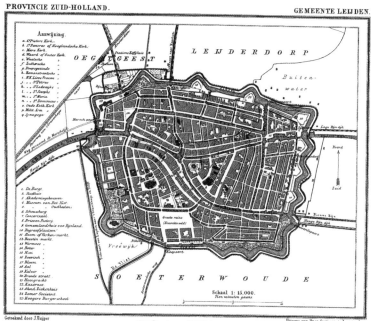

莱顿历史地图（1868）

莱顿城市中心卫星图

这座荷兰古城的标杆价值。转过一两条街，竟然出现了人声鼎沸的场景，这是我多么久违的感觉啊！沿河两岸，几米宽的道路与桥梁上面，已经完全变成了一个生机勃勃的市场。货架顶连成了斑斓的彩带，将河岸结结实实地围合起来。各色商品走出端端正正的室内店铺，全部轻松地呈现在户外。商品非常丰富，涵盖了生活的方方面面，尤其以具地方特色的食品、花卉为主，并且按照类别占据着不同长度的街道。

与我所熟悉的代尔夫特和鹿特丹不同，这里的市场没有被局限在方整的广场内，而是像水流一般沿河道发展。冬天，河流表面大部分已经冻结，而这河道之上的生活，将几乎要凝固的城市融化开来，让浓浓的生活气息飘散在整个城市的空气中。

就这样，古老存在与现实生活完美交织在一起。城市因为生活而被创建，更因为生活而具有意义。于是，先前我那无可奈何的心情被全部吹散，投身于这场周末的乡土特色购物之中，也享受了来荷兰之后的第一次生吃鲱鱼的体验。

莱顿就是这样以自己的方式接待了我，并且告诉我，这里是"生活"而不是"景点"。游走在大街小巷，去每一个不熟悉的商品前端详一番，慢慢开始领悟些什么。

除了满城可触摸的历史，莱顿的名片之一是它的最高学府——

 莱顿城市一景，风车几乎
为整个城市的制高点
右 周末沿河经营的集市

莱顿大学。日本的俳句作者蒲原宏曾咏叹："莱顿大学城，月色凉
如冰。"莱顿大学是荷兰最古老的大学，也是荷兰人争取自由的产
物。1574年，莱顿被西班牙军队围困了近一年，城内弹尽粮绝，死
伤近半，但莱顿起义军抵抗不屈。后来，奥兰治亲王进入莱顿，被
莱顿人为自由而战、宁死不屈的精神所感动。他认为只有大学才能
永葆自由之精神，于是开始在莱顿筹建一所大学。1575年，莱顿大
学正式成立，距今已有430余年，悠久的历史令人敬仰。

上 博物馆外的春色
下 博物馆内的中国藏品

　　距离火车站不远，可以见到一座中等规模的博物馆，这是莱顿的国家古代风俗博物馆。这在欧洲城市本不足为奇，但实际走进去，感受那恰到好处的空间与丰富有趣的陈列，仍不失为一次愉快的体验。建筑不大，进去之后，一个小巧的中庭将上下三层联系在了一起。咖啡馆／休息区围绕着中庭。在这里，我看到了来自中国的很多藏品，不由得心生几分亲近。除了来自中国的物品，还有来自亚洲、美洲、非洲的其他藏品，令人目不暇接。

老教堂门前的父子

1.8 马斯特里赫特：教堂里的书店和其它
Maastricht: a Bookstore from a Church, and Others

马斯特里赫特，荷兰东南部城市，位于马斯河（Maas）畔，近比利时。1992年，《马斯特里赫特条约》在这里签署，欧盟诞生。这一点，足以让这座人口仅十余万的城市骄傲。

城墙脚下的阳光

老城，飞速而过的自行车少女

　　事实上，马斯特里赫特所拥有的骄傲绝不限于它是欧盟的缔造地。马斯特里赫特是第一个在中世纪城市规则下建立的城市，这个规则后来演变为现今的城市命名规则。马斯特里赫特也是荷兰的第一个居民点。在马斯特里赫特西边发现了距今80000到250000年的旧石器时代遗迹，凯尔特人在罗马人来到这里之前，至少在这里居住了500年。

　　在这个城市，还有着全球最具影响力的艺术博览会——马斯特里赫特艺术博览会。2012年3月16日～25日，这个艺术博览会在展览中心MECC举办二十五周年庆，来自17个国家的263家展商，将展出超过3万件世界顶级的艺术品和古董，包括油画、素描、印刷品、雕塑、古典古董、手工绘本、珠宝、纺织品、瓷器、玻璃制品、银器……

　　看荷兰地图，会发现马斯特里赫特所处的地理位置相当奇怪。荷兰版图的右下角一条狭窄的国土伸向比利时与德国的区域，最窄处竟然不足10公里宽——这样的特点是历史造成的：1830年，荷兰王国南部的省寻求独立时（后建立了比利时），马斯特里赫特的驻军不理会城市内的反荷兰情绪，仍然保持对荷兰国王的效忠。马斯特里赫特曾在1830～1839年之间既不属于荷兰也不属于比利时。1839年，《伦敦条约》生效，马斯特里赫特尽管在地理上和文化上更靠近比利时，却被永久地分给了荷兰。因为特殊的地理位置，给城市带来了一些非荷兰的特征，使得马斯特里赫特成为了今天荷兰独具特色的一个城市，具有自己独特的文化特征。居民使用的语言有荷兰语、法语和德语。环绕四周的荷、比、德三国四省的国民都能直接同当地居民交谈和交往。因此，这座城市被称为没有国界的"欧洲地区"——也许这是选择马斯特里赫特签署条约的原因之一。

　　在地理上，一反典型荷兰平坦、低洼的地势，马斯特里赫特有着超过1000米高的杜里兰登峰，著名的圣彼得堡洞窟地形。由于强邻环伺左右，早在公元前50年，马斯特里赫特就是罗马人的军事要塞与贸易站，并先后遭到英、法、西班牙、德国入侵，在饮食、建筑、宗教甚至语言腔调上，都与北方的荷兰有明显的差异。

　　在城中央有一条河流——马斯河南北贯穿，把整个城市分成东西两半。主要的游览景点都在河的西面。火车站在河东，出站后沿着大路笔直向前，不出10分钟就可以走到圣塞尔法斯大桥。这座大桥据说是荷兰最为古老的大桥。过了桥后不远，就来到了游客中心。沿着大街（grotestaat），约5分钟就可来到城市的中心福莱特霍夫广场（vrijthof）。在广场的后面是著名的圣塞尔法斯教堂，这是荷兰最为古老的教堂，公元6世纪就开始建造。

马斯特里赫特的城墙是其鲜明的特色之一，它的第一道护城墙建于1229年，是由当时的布拉邦特公爵亨利一世下令建造的。后来，由于城市变得太拥挤，因此，14世纪初时，又开始另建新墙。16世纪初，又向Jeker河对岸扩张，建了第三座护城墙。

从建筑的意义上看，马斯特里赫特建筑有个相当明显的特点，便是对教堂的改造利用。因为荷兰对宗教一贯宽容，或许是废弃的教堂多了，马斯特里赫特让这些历经沧桑的古老教堂又焕发出了新的生机与活力。其中，位于市中心的Selexyz教堂书店是要看看的。这座神奇的书店，在2007 年获Lensvelt室内建筑师大奖（Lensvelt de Architect Interior Prize 2007），并被英国《卫报》评价为世界上最漂亮的书店。

同去的韩同学随我在城市里闲走。同样，也是没有做任何功课的偶遇。在街上，根据四周的状态决定在每一个路口如何拐

教堂书店内景

弯，竟然让我找到了这家"神圣的"书店。对于读书者、爱书者来说，书店与教堂在某种意义上有相通之处。在这里，登上三层黑色书架的顶层，可以近距离地欣赏教堂穹顶上的14世纪的壁画，也可俯视教堂（书店），这样的感觉十分奇妙。原来教堂唱诗班的地方成为了休息区，餐桌为一个平放的十字架，成为了书店里最有个性的家具。

前教堂的圣坛

要相信，闲散漫步可能会错过很多东西，但也会偶遇很多在"Lonely Planet"之类的旅游圣经中所不曾记载的东西。比如我们在一条僻静的街上发现了一个写有法学院名字的牌子，这是马斯特里赫特大学的法学院。好奇心驱使我们从封闭窄小的入口进入，穿过两个窄小中厅，一个豁然开朗的三合院，几棵大树，几个学生在院子里热烈地讨论问题。在旁边厅里的自动售货机里买上一杯水，我们在这里几乎惬意地坐了一个小时。在这一个小时里，完完全全自由地享受这个绿色的院子，仰头看着浓密的绿叶，微风拂过，沙沙作响。有的只是阳光与绿叶的芬芳，哪管那远在天边的烦恼！

左 书与教堂
右 法学院的院子

2

荷兰的建筑：
低地国土上的珍珠

Dutch Architecture:
Distributed Pearls on the Netherlands

2.1 概述："荷兰建筑到底有多现代？"

Introduction: How Modern is Dutch Architecture?

正如导言中谈到的，荷兰建筑的活跃状态离不开其历史文化与社会整体风气，因此，将建筑置入城市中来理解，是较为合理的一种解读方式。这样的方式用于领略梗概是可行的，因为它给人以鲜明亲切的想象背景。但仅有这样的叙述显然不够，至少对于写作本书的初衷——解读设计现象背后的原因，仍有隔靴搔痒之嫌，因此，对建筑师的观察与分析成为了理解设计的基本道路。

三个场景：从自我批评到全面介入

让我们先回溯间隔十年的三个场景：

场景1：2010年，威尼斯双年展，荷兰馆，无数泡沫体块悬浮于空中，犹如蓝色浮云。至二层俯瞰，"浮云"变身为"天空之城"——建筑模型构建出一个虚拟的城市。这个用建筑师最熟悉的材料与切割方式完成的装置作品，名为"空置荷兰：建筑遇上观念之地"（Vacant NL, where architecture meets ideas）。[①] 它以简明而质朴的材料与制作方法为双年展带来了一阵蓝色的清新空气，并传递出这样的信息：提醒整个创意企业关注城市中的闲置空间——建筑不仅需关注功能与美学，更应承担起解决社会复杂问题的责任。

---

① 2010双年展主题为"People Meet in Architecture"（相逢于建筑），总策展人：妹岛和世。

威尼斯双年展荷兰馆（2010）

上 二层俯瞰

下 一层仰望

上 "荷兰建筑到底有多现代？"会议与会人员合影（1990）
（来源：Hans Van Dijk . Twentieth-Century Architecture in the Netherlands, 010 Uitgeverij, 1999）
下 格罗宁根大学建筑

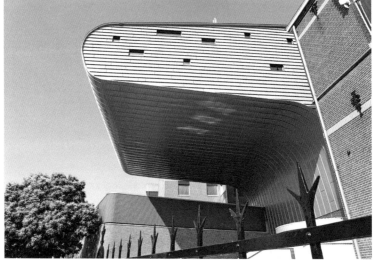

场景2：2000年，源于对"建筑的介入……与荷兰的转型"（Architectural Intervention…and the transformation of the Netherlands，1998）研究项目的总结，荷兰代尔夫特理工大学召开了主题为"由设计进行研究"（Research by Design）的学术会议。会议总结报告中阐释了荷兰建筑师对建筑学角色与意义的理解——"设计作为一个学科的核心特征是：它具有将矛盾需求转化为一个整体（unity）的能力，这使得设计成为了所有技术科学的中心……城市与乡村的转型越来越多地受到偶然性项目与建筑介入（Architectural Intervention）的影响。"

场景3：1990年，库哈斯（Rem Koolhaas）在代尔夫特召集了一个名为"荷兰建筑到底有多现代？"（How Modern is Dutch Architecture）的会议，建筑师、评论家共聚一堂，讨论这样一个话题："荷兰崇尚战前现代主义的习惯到底与当代的现代主义有什么关系？"库哈斯把这次讨论会看成一种荷兰式的"自我批评"——反映了当时荷兰建筑界对自身定位的反省。讨论中，教条式的现代主义被认为是一种"胆怯的选择"，一种"没有实质的肤浅风格"（巴特·洛茨玛，2005）。这种审视与批评激励了后来荷兰青年建筑师的快速崛起，突破了战前"经典"现代主义的种种原则，并在世纪之交达到了被誉为"超级荷兰"（Super Dutch）的巅峰。

　　三个场景，层层推进。从群体反思，到清醒定位，再到对整个创意产业的联动，荷兰建筑走过了一条目标清晰但并不轻松的道路。

"荷兰性"，作为介入的本质

　　"荷兰性"，是讨论荷兰建筑时常提及的词汇。虽然一个国家内不可能仅有一种风格，但某种意义上，一个荷兰建筑是否具有明显的"荷兰性"，几乎成了确立其身份（identity）的标签。但何为"荷兰性"？对此我曾向许多荷兰建筑师提问，得到的答案却不尽相同。不妨这样理解，"荷兰性"是一个相对宽松与模糊的概念，它既包含了建筑的风格，也指向了设计背景与思维方式。由于荷兰是现代主义重要的诞生与发展地之一，而后现代主义在荷兰几乎没有产生显著影响，因此，"荷兰性"又代表着明显的"现代性"——对现实问题的积极思考与主动参与，扩张建筑的社会意义与责任，以一种"动态的现代性"（Dynamic Modernity）姿态介入城市与社会之中，便形成了"荷兰性"的主旨含义。

　　对现实世界的尊重，继而引发对"现代性"的尊崇，这也是当代哲学中重要的组成部分。现代性是现代化的结晶，是现代化过程与结果所形成的属性。设计与荷兰的现实紧密相关。独有的地理忧患使荷兰将"设计介入现实"推向了必然——作为欧洲人口密度最高的国家，荷兰却有近1/3的国土低于海平面，其上更生活着全国总人口的2/3，因此，每一寸土地都弥足珍贵。水患与土地矛盾要求荷兰必须修筑水坝、开凿运河，也必须规划好每一块来之不易的"圩田"，这必然涉及众多"设计问题"。设计与生存，就这样被荷兰人牢固地联系起来，并深入到生活的各个方面。

上 代尔夫特理工大学会堂一侧
下 代尔夫特理工大学会堂鸟瞰

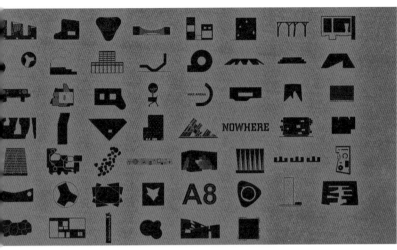

上 荷兰建筑的个性化倾向是其重要特征（图为荷兰NL建筑事务所作品集封面）

左中 Berkel别墅（设计：Paul de Ruiter）

右中 Berkel别墅平面图

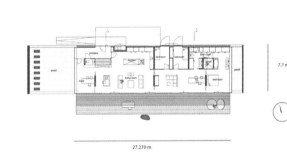

　　荷兰建筑表现出了鲜明的主动介入意识、对生存环境的审慎思考和忧患意识，最终，表现出了多变但又严肃的设计价值观，并产生了不容忽视的国际影响力——这便是荷兰建筑在今天传递出的"现代性"。很显然，这绝不是仅凭借标新立异的建筑外观可以做到的。

Hilversum新教堂

2.2 施罗德住宅：不只是"风格"
Schroeder House: More than *Destijl*

那个在我学生时代建筑史课本里的"乌得勒支住宅"，就是荷兰"风格派"（Destijl）①的重要代表——里特维德·施罗德住宅（Rietveld Schröder House，中文名称一般省去"Rietveld"），在现代建筑发展史上占据着极重要的地位。这个不足200平方米的小住宅，被史无前例地列入了世界文化遗产名录（2000）。施罗德住宅以简明的几何构成与鲜明的色彩组合，将视觉要素和建筑理念从传统的解释中分离出来，表现出了与荷兰风格派绘画极为相似的意趣，对现代建筑的发展产生了相当大的影响。

它的设计者——里特维德（Gerrit Th. Rietveld）②，不仅是一位建筑师，还是著名的家具设计师和工业设计师。这栋住宅的共同设计者，是住宅的业主——施罗德夫人（T. Schröder）。在住宅的入口处，有一个提示牌，光荣地记载着他们合作设计的情况。如今，这座昔日的住宅早已不再是寻常百姓家，而已成为了乌得勒支中央图书馆的一部分，受到精心的保护。

"20世纪已经成为历史，这是一个众所周知的事实。同样，20世纪也留给了我们许多历史文化遗产。认识这点非常重要。" 驻荷兰办事处主席梅耶(Pieter de Meijer)教授对此颇有见地。这也是为什么他和他在联合国教科文组织的同事们决定要把这座建于1924年的荷兰住宅同大堡礁、泰姬陵以及中国的长城一起列入世界文化遗产的原因。

如今，没有人生活在那所房子里，但是它仍被当作是乌得勒支中央博物馆的一部分受到精心的保护。总馆长雅瑞尔（SjarelEx）为这座住宅所获得的新地位深感欣喜："联合国教科文组织现在把它看作是一件世界文化遗产，从它存在的第一天起它就与众不同。著名的建筑师，如布鲁诺·陶特（Bruno Taut）和依尔·李斯特斯基（El Lissitsky）在20年代专门到乌得勒支拜访里特维德和这座建筑，由此可见它在20世纪欧洲建筑中的影响。"

不只是陶特、李斯特斯基来过此地，格罗皮乌斯、柯布西耶

① 所谓"风格派"是20世纪前期在荷兰产生的以画家蒙德里安、建筑造型师里特维尔德为首的一批青年艺术家成立的造型艺术团体。他们以1917年出版的期刊《风格》作为自己艺术流派的名称，又称为"新造型派"或"要素派"。该派的主要艺术主张是倡导艺术作品应该是几何形体和纯粹色块的组合构图。

② 里特维德于1917年设计了现代主义设计运动的重要经典作品"红/蓝"椅，以一种实用产品的形式生动地解释了风格派抽象的艺术理论。他于1934年设计了"曲折"椅，椅子的脚、座椅部分都摆脱了传统椅子的造型，非常节省空间。这张椅子是这位大师最具代表性的作品之一。

等都曾造访。对于这座里程碑式的作品，我想，来乌得勒支的建筑师是不会错过的。由于空间狭小，今天要参观这座荣升为世界文化遗产的私人住宅，必须在网上预约，在导游的带领下按批次顺序参观，而且不允许在室内拍照，这不能不说是一个遗憾。

住宅位于一条安静的街道尽端。建筑建成之初，前面是一片宽广的平原，但后来在建筑前面建成了高架公路，切断了原本极佳的视野——又是一个遗憾。

建筑平面方正，从平面到构件，首先是一个点、线、面交叉构成的作品——简洁的几何体块，鲜亮饱和的色彩，平整简洁的墙面、玻璃构建出一个参差穿插的建筑。建筑外观由方形穿插而成，栏杆也是简洁的水平细管，直接而有力的水平与垂直线条宣布了与古典的决裂。建筑以白色为主并辅以彩色点缀，颇具蒙德里安"风格派"绘画的三维立体风格。整个构图突破了古典建筑常用的对称，而充满了大小、方向、形状的巧妙穿插和对比，却又和谐共存。

与外观的颠覆性相比，空间的创造具有亮点，远远超过了我

施罗德住宅外观

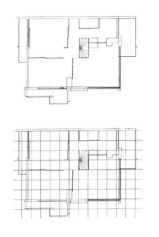

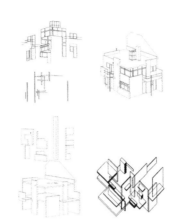

左 施罗德住宅平面图
右 施罗德住宅空间分析

曾经的想象。里特维德在家具上的细节把控能力与趣味，将这座建筑变成了一个充满惊喜的"变形金刚"。建筑中很多有突破性想法的空间必须要获得业主的支持。这座建筑的成功还必须感谢施罗德夫人对设计的支持和参与。由于家庭成员数量时常发生变化，她便提出了是否可以"不用墙但仍可以分割空间"的要求——这绝对称得上是一个高明的"设计问题"！甚至很多建筑师都很少去质疑"墙"的替代性。

这个具有挑战性的提问催生了设计的关键——"活动隔断"。围绕中央楼梯，房屋可根据不同的功能要求,利用异常灵活的隔断墙来自由地分割空间，构成流动的变化。除椅子外,室内家具全部是固定的，与室内空间完全融为一体（这样的一体化设计可能非里特维德莫属）。里特维德希望创造的不仅是一座建筑，而且是一座充满家具和实用生活空间的家园。在参观过程中，导览员不断地将建筑内部的隔断、家具进行变化，看得我们啧啧称奇。建筑二楼是生活区，一扇滑动板便可以把房间分隔为四个部分，作为卧室。在白天，这个空间则成为了一个开放的活动空间。尤其令人赞叹的是，经过导览女士的演示，整个变化并不需要繁重的体力与大量的时间，只需简单的动作便可完成，具有很强的实用性。

今天，施罗德住宅已经不再是供人实际居住的空间，而成为了某种标志被收藏下来。它也在诞生之日开始，便受到过各种不同的评论。无论你怎样看它，它就存在在那里。也许，施罗德住宅带给我们的，不是一栋小小的住宅，而是一种敢于挑战现状、质疑习惯的精神。

上 施罗德住宅外观
下 施罗德住宅外观

① Langmead Donald.
Willem Marinus Dudok,
A Dutch Modernist.
Greenwood Press, London:
1996:1.

2.3 希尔弗瑟姆市政厅：建筑荣耀城市
Hilversum City Hall: Glory of a Building for the City

　　我曾被老子的一段话所打动："埏埴以为器，当其无，有器之用。凿户牖以为室，当其无，有室之用。故有之以为利，无之以为用。"我确信这样的事实：人们需要使用的，恰恰是空间……建筑学并非是关于尺寸而是比例的问题……（它是）一种美丽而严肃的空间游戏，这场游戏通过对这个时代的表达，演绎着今天的潮流。①

　　——威雷姆·马利纳斯·杜多克（Willem Marinus Dudok,1954）

　　百年前的世纪之交，一个阿姆斯特丹的年轻人从预备学校毕业。与千千万万的同龄人一样，他面临着对自己未来的道路的选择。身为音乐家的父母盼望他也能走上音乐的道路，但这个年轻人拒绝了，他进入了另一片完全不同的天地——军营。1902年，这个年轻人进入了荷兰Breda军事学院，开始学习军事工程。此后的十年里，他设计建造了各种各样复杂的军事工程，成果累累。但他仍不满足，他渴望成为一名真正的建筑师，并在这十年里不断地自修建

上 Willem Marinus Dudok
下 市政厅老照片

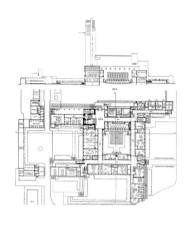

平面图与立面图

筑。幸运的是，没有残酷的学历门槛将他挡在外面。1913 年，年仅29岁的他即被任命为荷兰莱顿公共事业部门副主管，真正开始了他梦想已久的建筑师生涯。

这个天资聪慧且极有主见的年轻人叫杜多克（Willem Marinus Dudok，1884-1974）。两年后，杜多克被调往希尔弗瑟姆（Hilversum）的公共建设工程部。1928年，杜多克更被委以重任，成为了这座城市的"城市建筑师"（City Architect）。从此，希尔弗瑟姆，这座距离阿姆斯特丹20余公里的宁静小城，便与"威雷姆·马利纳斯·杜多克"这个名字紧密联系在一起。如今，这位没有进过一天建筑学院的著名建筑师，俨然已成为了这座城市的重要名片①。

我实在钦佩当初"不拘一格降人才"的上司，也为他有着宽容理解的父母而感到庆幸，而杜多克也没有辜负任何一个器重他的人，这位拿不出建筑学院毕业证书的小伙子，竟然一口气在"城市建筑师"这个位置上一直干到1954年退休，并为希尔弗瑟姆捧回了英国（1935）、美国（1955）及法国（1966）等国建筑学会的金质奖章。

杜多克一生完成了大量设计（绝大部分位于希尔弗瑟姆）。他坚持并发展了现代主义语汇，以方体组合为特点，探索着现代与传统之间的平衡。早期，杜多克的风格与阿姆斯特丹学派（Amsterdam School）非常接近，而晚期则明显受到美国现代主义大师赖特（Frank Lloyd Wright）和芝加哥草原学派（Chicago Prairie School）的影响，有的作品甚至也呈现出立体派表现主义（Cubistic Expressionism）的风格。

音乐世家的背景使杜多克深谙建筑与音乐的相通之处：细节丰富却不失整体，节奏拿捏得恰到好处；功能和象征融入强烈的个性；虚空与实体，浪漫个性化与纪念性在戏剧般地组合；形态构成的力度和丰富的视觉变化如乐曲中旋律的变奏。与赖特、阿尔托一样，杜多克在尊重地域特色、生活方式的同时，积极地探求现代主义设计的走向。他近乎苛刻地推敲建筑的比例、尺度、整体关系，尤其常用高塔形成视觉高潮，深深地影响着后来众多走上现代主义道路的建筑师。杜多克关注造型、功能和人的需求之间的平衡，他认为："那些无意义的对称，没有功能的住子、飞檐，不和谐的巨大立面……产生了混淆的概念，是空虚和拙劣的模仿。""赖特的造型语汇给我的影响是精神层次的艺术，绝不是造型问题。"

以上算作前传，我与杜多克的"相遇"，极为偶然和幸运。

2010年初春的一天，与清华来的博士生国萃一道去希尔弗瑟

① 在维基百科（http://www.wikipedia.org/）中关于Hilversum的信息篇首，除了介绍其是荷兰"媒体城"，另一个重要介绍便是杜多克设计的市政厅了（"Raadhuis"）。

左上 入口细部
右上 从内向外看入口通廊
下 远观市政厅

姆。由于时间有限，我们的主要目的是参观"媒体公园"内的新建筑，尤其是那座"荷兰声像中心"。火车站位于老城边缘，我们穿过老城，向媒体公园的方向走去。老城不大，却很热闹。正逢好天气，街道上全是喝咖啡、购物的人们，不时传来一阵阵笑声与音乐声。城中建筑尺度都不大，多为低矮建筑，就连城市中心位置的购物中心也尺度宜人，细节考究，木质构件让人极有温暖的感觉。

走出城市中心，建筑逐渐变得疏朗，树木增多。突然，面前出现一片开阔林地，交织错落的树枝后面，一座有着高耸塔楼的淡黄色建筑清晰可辨，在纯净的蓝天背景下，鲜明夺目。这不正是那著名的市政厅么？！它远比我在图片上看到的要新鲜、要精神。明亮的淡黄色将步行的疲惫一扫而光。正逢周末，人们大多聚集在老城中心，这里便留下了一片宁静，周围几乎看不到一个人。围绕建筑，观察、拍照、讨论……时远时近。不知何故，眼中看到的是建筑，而心里竟感觉如此地与建筑师贴近。那些材料、那些精心塑造的细部、那些关系明晰但绝不夸张的构成方式……突然令人与之共鸣。在入口旁的矮墙处，触摸墙体，沐浴在初春的阳光中，仿佛在与建筑师对话，虽然并没有语言。这位我在脑海里能够一见的建筑师，正是杜多克。

希尔弗瑟姆市政厅建造于1931年，杜多克不仅设计了整座建筑，也包揽了室内设计、家具设计，甚至包括地毯纹样和市长手中的木槌。周末，建筑关闭，我们未能进入到室内观赏，但仅这外观足以将我们征服。建筑平面方正规矩，几乎找不到一根斜线。整体布局由内外两个院落组成，内院被包围在建筑核心中，而外院则有车行通道穿越。尤其精彩的是建筑南面滨水的一侧。水面与建筑之间，有长廊直达主入口。顺势而上的矮墙与主入口挑出的宽大雨篷，构成了立面上最浓重的阴影。正面建筑，立面节奏清晰可辨，在阳光的照射下，明暗对比就如同音乐节拍，跳跃的点、连续的线、沉稳的面……在水上弹奏着无声的音乐。高耸的塔体成为了乐曲末尾的最强音。仔细观察墙体，在与地面、与窗洞的各个交接关系中，无不细致推敲，绝不敷衍了事。在迈向主入口的长廊内侧，纯净的湖蓝色砖墙猛然跃入眼帘。外表考究、比例匀称的设计便是这样出其不意地袭击了你，令人过目不忘。

在杜多克所有的建筑中，市政厅也许称得上是他最为重要的作品。美国著名城市理论家刘易斯·芒福德（Lewis Mumford）曾这样评价："这不是一个'程式型建筑'（Program Architecture）——那些只通过

市政厅塔楼

语言宣传方可了解其意义的建筑，杜多克的建筑本身便传达了一切。"

　　的确，我们若是回到杜多克的时代，会更加钦佩这样的建筑的
产生。那是一个大部分建筑师还在思考如何协调好功能与传统形式
关系的时代，杜多克已经在实践中探索现代工程技术与现代艺术的
语汇了。但他也并没有走向另一个极端——将建筑视作机器。在杜
多克看来，建筑作为机器，应该是一个手段而绝非目的。杜多克一
辈子走在现代主义道路上却并不随波逐流，而是坚持将建筑的技术
性、现代性与情感紧密地结合，不仅影响着荷兰的现代建筑之路，
也影响着世界。

2.4 代尔夫特理工大学校园：恣意的理性
Architecture in TU Delft: Creativity under Rationality

在代尔夫特，代尔夫特理工大学（以下简称TU Delft）校园几乎占了半壁江山。城市与校园一起走过了近170年的历程，二者相互依存，水乳交融，但在尺度与建筑风格上，又似乎泾渭分明：代尔夫特老城密度高，多运河，道路蜿蜒曲折，而大学校园则疏朗开阔，轴线清晰。一般来讲，作为一所欧洲高水平的高等学府，其建筑水准是不会低的。代尔夫特理工大学的校园，虽不似乌得勒支大学校园那般个性鲜明、星光闪烁，但走过那长长的校园中心轴线，看到两侧风格各异的建筑物，依然能够感受到一种浓郁的设计匠心。

校园格局的形成时间很早。与很多英国或北美老牌大学相异，代尔夫特理工大学校园并未采取院落、围合、主楼、对位等手法设计校园基础格局，而是以一条长约1公里的校园景观带作为"脊柱"，其上再不断生长出不同的建筑物，并随着时间的发展，向更远的地块渗透。校园南侧，是一块大致与主校园等大的"科技园区"，目前有部分建筑正在建设。原有的校园中轴线是车行道，两侧有一定的绿化，建筑多为20世纪50、60年代建造的现代主义风格建筑。最高的一栋建筑为EWI主楼，也是整个代尔夫特的最高建筑。

代尔夫特理工大学校园中心卫星图

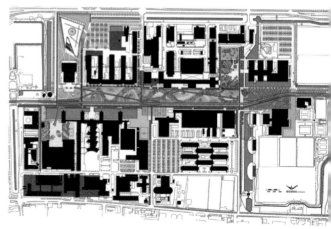

1995年，由Mecanoo建筑事务所主持设计了校园景观的改造与整合，并在原有大讲堂（Aula）的背后设计了一座风格鲜明的图书馆，一定程度上改变了校园建筑由混凝土一统天下的沉闷局面。

进入21世纪，校园内不时出现新的建筑，其风格也开始更加多元化，与早期建筑相比，新世纪的建筑风格有更多变化，甚至建筑风格各不相同，并不强调相互协调。总的来说，与乌得勒支大学、莱顿大学和格罗宁根大学等另外几个荷兰名校（综合性大学）相比，代尔夫特理工大学的建筑相对硬朗，风格也更符合理工类大学的特点。与校园内的建筑朝夕相处，慢慢地，也就有了自己心里偏爱一些的建筑。我试着联系到这些建筑的设计者们，与他们聊聊建筑，获得了很多心得。以下仅选择几个建筑稍作详述。

中央图书馆：作为景观的建筑
Central Library
建筑师：Mecanoo建筑事务所
设计时间：1995年
建造时间：1998年
总建筑面积：15000 平方米

图书馆基地并未紧邻校园中轴线，而是位于讲堂Aula的背后（东侧）。Aula建于20世纪60年代，由当年"Team 10"的核心人物Bakema与Van den Pants两位建筑师联合设计（校园内多个建筑

上 代尔夫特理工大学校园中心鸟瞰（摄于EWI大楼屋顶）
下 图书馆剖面图

对页上 深秋的图书馆
对页下 从锥形塔顶向下看

都出自他们笔下），是一座混凝土材质的典型"粗野主义"风格的会议中心。

初到校园时，慕名去参观这座久负盛名的建筑，建筑所处的局促位置有些出乎我的意料。后来访问Mecanoo事务所时，当面向弗朗辛·胡本（Francine Houben）问起这个问题，她的回答解除了我先前的疑惑。

建筑地处一个相对狭小的地块，建筑正面对着庞然大物Aula，因此，为了不使两个大型建筑正面冲突起来，建筑师以景观建筑的处理手法将屋顶处理成平缓的草坡，与地面草地自然相接，主要空间均掩藏在草坡底下，其上仅显露出一个圆锥体。草坡与校园绿意蔓延，轻松漫步于此，可以登上屋顶观赏风景，亦可随意躺下，享受阳光。冬季冰雪覆盖时，建筑周围虽用围篱阻拦，仍有不少好动的年轻学生翻越栏杆，攀登上去再"滑雪"而下，将图书馆变成了一座微型滑雪场，也别有一番情趣。

与Aula相对的一侧，"草坡"豁然撕开一道口子，拾级而上，便进入了图书馆内部。迎面而来的是高大宽敞的阅览空间，几乎所有的图书馆组成部分都能够一览无余。大厅中央是圆锥塔的底部，由倾斜钢柱撑起，其下用作图书馆的服务台。圆锥塔除了能够引入天然光外，顶部也能开启导风，形成自然空气流通。在建筑顶层俯视锥塔内部，若干个优美的圆圈层层叠加，此时会突然发现，建筑不再张扬与特立独行，一阵图书馆的古典气质散发在空中。

站在底层大厅，正面即可见到通高四层的开敞书架，形成了一面震撼的"书墙"，通过钢制通道与短桥和锥塔相连。这部分有一个小细节值得一提，即建筑师精心设计的临时阅览架。通常，在图书馆查找书籍时，常会不断地拿出书籍，短暂浏览后再放回去，若书又厚又重，那么这个反复动作必然累人。建筑师考虑到了这一点，在书架的对面，过道的另一侧，把防护栏的铁丝网延伸出来，做成了短暂浏览时的阅览架。足够大的面积和两侧的卷边保证了大量书籍不会从楼上滑落下去。再看一层，却没有这样的阅览架，那应该是为避免它外伸的部分碰撞到大厅里走动的人。

一日傍晚，站在校园南侧的高处，观看整个校园，陡然发现，图书馆的尖锥塔与远处的城市中心教堂并置在一起，竟然构成了城市优美的天际线。那一刻，我似乎也突然懂了胡本在访谈中谈到的一句话："图书馆便是新的教堂。"（Libraries are the new cathedrals.）

乌云密布下的图书馆

建筑系馆改造：灾害后的重生

Faculty of Architecture

建筑师：Braaksma & Roos、MVRDV 、Fokkema、Kossmann de Jong 、Octatube五家设计事务所联合设计

设计时间：2008年

建造时间：2008年

总建筑面积：32000平方米

建筑学院原有系馆是一栋13层的混凝土大厦，由Bakema与Van den Pants设计（1964）。近半个世纪过去了，建筑思潮变化万千，这栋朴实敦厚的混凝土建筑几乎已经逐渐淡出了公众的视线。未曾想，一场突如其来的灾难，使这个拥有3000名学生、300余名教师的建筑学院在一夜之间竟然"无家可归"——2008年5月13日，因一台咖啡机出现故障，引发出一场始料未及的火灾，将这栋混凝土大楼几乎彻底摧毁。所幸的是，建筑学院图书馆位于原建筑的底层，幸免于难。后来，我在新系馆看到那个完整、庞大的建筑学院时，很难想象这是从一片废墟中振作起来的。

灾难震惊了整个荷兰建筑界，但并没有摧毁建筑学院，反而让学院迸发出了惊人的组织与执行能力，将各种力量聚集在一起，拿出了高效与高质的对策，创造出了一个荷兰建筑界的速度奇迹：

灾后数日，临时帐篷搭建完成，教学活动持续进行；

6月初，原大学主楼被定为临时建筑系馆，并委托五家建筑事务所共同承担设计；

7月上旬，五家事务所的合作设计方案出炉，并开始进场施工；

9月，师生逐渐开始入驻"新"系馆，2008年底，全部师生搬入。

正在遭受火灾的原建筑系馆　　　　　　　　　现建筑系馆

五个事务所出色地完成了这次史无前例的高效率合作。设计过程紧凑相连，不容耽搁。令人赞叹的是其最终的设计成果质量之高，以至于我初踏进建筑学院时，竟丝毫察觉不出这是在如此急迫的情形之下建设的"临时建筑"——快速的工作进程，依然最大程度地保证了建筑品质。

改造后的"新"系馆由"街道"和"共享大厅"构成主要架构，串接于其上的是大大小小的教学、办公空间。原有建筑分支众多，而这恰恰也给建筑学院多个教学团队提供了相对独立的工作环境。从底层门厅走向两侧的通道被设计为一条学院内的街道——霓虹灯广告、橱窗、凹凸进退的界面。利用老建筑有多个半开放式院落的特点，创造出两个大空间，也正好适应了建筑系馆需要的灵活大空间格局。中轴线上的庭院改造为中心大厅，既是交通联系的中心，也是模型制作工作室。另一个大厅在建筑的西侧，由MVRDV负责设计，巨大的橙色阶梯下部也是工作室的空间，这里常举办各种发布会、设计展、研讨会，气氛轻松而舒适。图书馆、各个教学分支，都有着不同的室内设计风格——色彩、家具、灯饰，共同构成了建筑学院鲜明的特点。

对现实与理想的并行思考，向来是荷兰设计中的显著特点。在积极建造临时系馆的同时，建筑学院还组织了新系馆的国际设计竞赛，广开思路，扩大影响，寻求最佳解答，通过这样的方式达到对理想与现实的综合思考。2009年3月，竞赛结果宣布，三份作品获得头奖，设计者均为"70后"建筑师：

汞合金（Amalgam），设计：Laura Alvarez（荷兰阿姆斯特丹）

绿色建筑文化（Green-Housed Culture），设计：Marc Bringer与Ilham Laraqui（法国巴黎）

无对象的世界（A World Without Objects）设计：Gijs Raggers

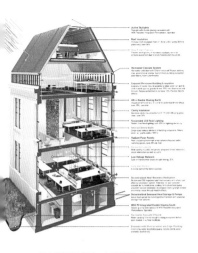

系馆改造的绿色建筑措施

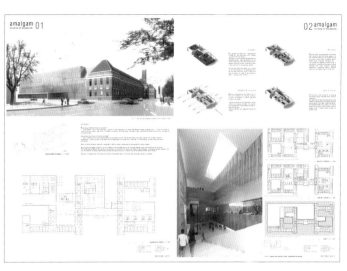

"汞合金"竞赛图纸

橙色大厅

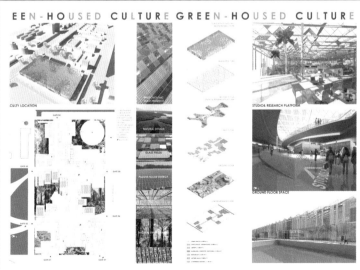

"绿色建筑文化"竞赛图纸

上 底层内街（西）
左下 建筑系馆主入口
右下 中心大厅

（荷兰鹿特丹）

　　荷兰建筑师的思维与工作方式在这次灾难中得到了充分的体现，可谓"绝处逢生"。通过思考、实践、传媒……建筑学院以最大努力将这场灾难转化为一次机遇，事件全过程也给学生树立了一个难得的学习样本——帮助他们学习到应对问题的态度、设计的思考方式、评价与推进过程、实现与检验过程、多团队合作模式……

　　建筑学院的官方名称为"Bouwkunde"，即荷兰语的"建筑"。"bouw"意思是各项建筑活动与构筑物，而"kunde"则是指手工艺、知识与艺术。"Bouwkunde"一词确切地描述了这样一个创造性的过程。在这个过程中，工艺与艺术，建造与形态实现了真正的平衡。经大火熔炼的建筑学院，就是这样实实在在地诠释了"Bouwkunde"的真正含义，使人牢记于心。

"凡·列文虎克"实验室:为人而作的尖端科技实验室

Van Leeuwenhoek Laboratory（NanoLab）

建筑师：DHV建筑事务所

设计时间：2006年

建造时间：2009年

总建筑面积：10300 平方米

　　凡·列文虎克（Van Leeuwenhoek，1632-1723）是光学显微镜的发明人，在近代显微技术史上作出了不可磨灭的贡献。同时，列文虎克也是代尔夫特人，常年居于这座城市。因此，在他辞世后近三百年时，将这座世界领先的纳米技术研究中心以"列文虎克"来命名，别有一番深意。

　　该实验室紧邻着中央图书馆，位于校园的中心地带，是纳米技术研究的世界级顶尖实验中心。由于该实验室所从事的研究尺度是"纳米"——百万分之一毫米，其对建筑的严格要求可想而知。新建部分的核心是共4000平方米的洁净房间（包括了一间达到ISO4级空气标准的实验室，即要求在1立方米空气中，必须将超过0.5微米的颗粒控制在352个以内），这部分用房对安全、空气、振动与无障碍都有着极高的要求，建筑设计必须依循科学实验流程与严格的特殊要求进行，对内部空间而言，建筑师可施展的空间非常有限。

　　但是，建筑师似乎并没有被这样极其复杂的功能要求所限制，在达到实验所需要求之外，建筑师依然把"人"的因素摆在了中心

列文虎克实验室外观（DHV提供）

位置，积极地思考"人"在其中的感受，并以"建筑学"的视点探索"科教建筑"可能达到的水准——这一点，通过建筑师所表述的"微小环境"（Mini Environments）的观念实现。首先，在入口处设计了一个过渡地带——尺度宜人的中庭，一些辅助性的功能，如会议等也包含在内。中庭强调温暖、愉悦的氛围，紧张工作之余，科学家们可以从封闭的实验室中走出来，或三五一组地随意讨论，或来上一杯咖啡，静静地休息。

设计重心不仅在于内部使用者间的交流，也在于建筑与外界的视觉交流。建筑师在封闭实验室的外围设计了一条通道，既承担着疏散的作用，也可以通过通透的一层将上部厚重的金属外墙体量"悬托"起来，封闭沉闷的实验建筑顿时轻松开放起来。夜晚，通透的外走道内时常可以看到走动的科学家，成为了校园中心的一大景致。这部分立面的划分与材料选择，也有意识地对近邻——中央图书馆进行了尊重。

为了实验室的整体稳定性，建筑基座采用了钢筋混凝土材料，犹如稳定的桌面一样，支撑起上部的所有实验设施。建筑师将这部分也作为创造建筑表情的语言，并与业主商讨，坚持保留下了基地原有的一小块水面——事实证明，这一块水面对建筑，乃至这片校区都是至关重要的。

出于对这栋建筑的喜爱，我特意赴埃因霍温（Eindhoven）去访问它的建筑师。在DHV，这座建筑的设计负责人Robert Collignon热情地为我介绍了整个设计历程。建筑造价控制得十分严格，内部

正在接受笔者采访的建筑师
Collignon

上 建筑室内（DHV提供）

中 总平面图（左侧建筑分别
是图书馆、大会堂）

下 外观（DHV提供）

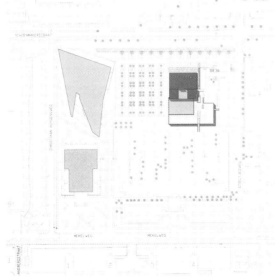

① The classic laboratory room will continue to scale down while mini environments take over. Laboratory and clean room processes can eventually take place in more user friendly environments, enabling the architect to truly create an inspiring and healthy atmosphere.

布局更是需要严格地"照章办事",但正如Collignon最后谈到实验室未来时说的:"经典的实验室空间将进一步缩小,将被更微小的环境空间取代。实验室与洁净房间最终将在友好的环境中实现,而建筑师则能够真实地创造出激发灵感与宜于健康的空间氛围。"① 在这里,我看到了他们在其中的不懈努力——对于科教建筑与人文关怀,建筑师给出了有着自己鲜明态度的答卷,着实令人钦佩。

海牙应用技术大学代尔夫特工程学会:低调的奢侈

Academy for Engineering Delft,Hague University of Applied Sciences

建筑师:Syb van Breda建筑事务所

设计时间:2005年

建造时间:2009年

总建筑面积:15000 平方米

⬆ 建筑师草图,开敞转角是设计的关键理念

⬇ 建筑外观,通向屋顶的车道

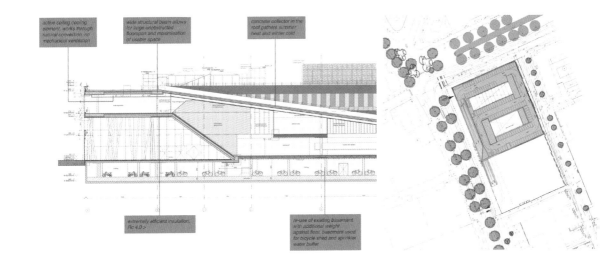

严格地说，这座建筑并不属于代尔夫特理工大学，但它紧邻这所没有围墙的大学校园，因此与这所大学已经融为一体，难以分辨。因此，此处将其作为大学校区的一部分来介绍。

这是一栋以高度"可持续性"为鲜明特色的教育建筑，也是一个开放、透明、极富标志性的建筑。建筑虽形象突出，但依然自然地融入了总体环境中，丝毫不觉得突兀。平面基本上为正方形流线关系，有利于有效率地组织交通。

正如业主所希望的那样，建筑在可持续性方面具有突出特色，并拿到了Greencalc计分257的高分，为目前全荷兰获最高分的教育建筑。同时，建筑师更将其设计成为一个极富吸引力的标志点，成功地创造出了代尔夫特理工大学校区的一个新地标。虽然建筑只有3

左上 剖面图（事务所提供）
右上 总平面图（事务所提供）
下 建筑外观，斜柱架空的一角令人过目不忘

层，但空间利用极为紧凑，建筑屋顶用于停车，汽车可以直接开上顶层，长长的汽车坡道成为了一个鲜明的造型要素，自然而得体。建筑转角的地方用一个高大的架空区形成空间标志，看似随意斜放安置的钢柱构成了建筑入口最令人过目不忘的姿态。人行、自行车入口均设置在此处，整合得清晰明确，互不干扰。

建筑采用了先进的可持续技术措施，如地源热泵、具有互动性的楼板与吊顶。同时，建筑设计具有高度的前瞻性，充分考虑到了未来的设备扩充与发展，如屋顶风力涡轮机与发电式燃料电池安装的可能。这些设备一旦安装运行，整个建筑将不再使用外部的能源供给，而这些未来技术已经整合入当前的建筑设计当中去了。

在节能建筑的最关键部位——"外墙"中，建筑师给予了最大程度的关注，既重视了建筑材料的物理性能，也充分地把形式与美感融入其中，形成了鲜明的特色。

2.5 乌得勒支大学校园：三十年的集体舞
Architecture in Utrecht University: Architectural Dancing by Masters

早就耳闻乌得勒支大学校园的建筑水平很是了得，可谓个个精彩、众星云集。第一次去乌得勒支，更多地便是奔着这所大学"慕名而去"，在初冬清冽的空气中感受到了每个建筑师融入作品的激情和热度。后来，多次走入这所校园，就是为了去体验那里的温暖。

其实，乌得勒支大学之"名"并不全在于建筑。这所被称为"荷兰最古老之一"的大学创办于1636年，是当今荷兰综合实力最强的大学，也是欧洲最好的研究型大学之一。要领略它的学术地位，只需要查看百年以来，从这里产生出的诺贝尔奖获得者名单[①]便足已心悦诚服！到这样的大学参观，自然在心里多怀有几分敬仰。

荷兰的大学有些奇怪，似乎无法用双眼判断其历史长短。对于这样一个已经走过三个多世纪的大学，从校园风貌上看竟然是如此年轻而富有活力。这是一个规则而脉络清晰的校园，与代尔夫特理工大学类似，一条中央大道横贯东西。那些"熟悉的陌生人"——已在各种媒体中阅读过的建筑们——就在轴线两侧矗立着。

① 自1901年以来，乌得勒支大学有多达12位学者和科学家获得了诺贝尔科学奖，专业涉及物理、化学、经济、生理学、医学等领域。

经管学院 设计：Mecanoo（Mecanoo提供）

　　校区位于乌得勒支市的东郊，原本是城市边缘的风格单调的建筑群。1986年，OMA重新对乌得勒支大学校园进行了规划，并由多位著名建筑师陆续完成了其中的新建筑，包括OMA的教育中心（Educatorium）、维尔·阿雷兹的图书馆、玛丽丝·罗默（Marlies Rohmer）的Smarties学生公寓、梅卡诺事务所的经管学院（Faculty of economy and management）、努特林斯-雷代克事务所(Neutelings-Riedijk)的敏纳尔特大楼（Minnaert Building）、艾立克·凡·埃格拉特（Eric van Egeraat）的医学院……真是群星璀璨。在整体规划控制及多位建筑师的努力之下，校园逐渐呈现出空间上的连贯性，风格迥异的建筑在规划的控制之下构建出了校园的多样性整体特征。众多建筑师在这块不大的校园里开始了一场完美的集体舞，登场时间虽各不相同，但各自的角色却清晰鲜明，站立在一起，渗透出明显的综合力量与组织智慧。

　　由于荷兰多风多雨的气候原因，也由于荷兰建筑对复杂性、实用性及综合性的重视，初看起来，校园外部空间中，并没有提供太多刻意设计的户外聚集场所，而更多地将室外活动组织到建筑之中去，在室内提供了丰富多样的公共空间。因此，校园规划结构简约、明快，站在中央大道几乎可以将校园一览无余，但绕行至图书馆背面，却是一派自然田园风光！大片开阔的空地豁然开朗，丝毫未加人工雕琢。在这里，我竟发现远处草地上有一群羊！走过很多大学校园，却第一次看到这样一群家伙。我惊诧中带有些兴奋，原来"羊"在荷兰也成了一种景观，而且是在大学校园里！羊群慢悠

上 屋顶用作球场的校园咖啡
厅 设计：NL（NL提供）
中 乌得勒支大学卫星图
下 校园中心的羊群与我对视

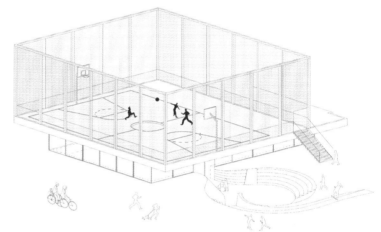

悠地向我靠拢，面无表情地注视我。于是，用这群羊作为前景，记录下了校园的另一种状态。

图书馆

建筑师：Wiel Arets建筑事务所

建造时间：2004年

总建筑面积：36250平方米

进到校园中心，图书馆——这座个性十足的房子便呈现在眼前。这是我最喜爱的图书馆建筑，甚至来乌得勒支大学也几乎有一半的原因是这个房子。虽然曾在以前的写作中引用过它，对其形态、布局也粗有了解，今日得以一见，仍有一种真相大白般的兴奋。图书馆位于中心轴线的南侧，独特的灰黑色表面使它能够被轻松识别出来，但与环境的关系又是如此的妥帖，完美地扮演着一个高明的中心舞者。

建筑以方盒子作为原型植入校园网络中，内敛且极有分寸。体量分为两部分：一部分为图书馆主体，另一部分为停车库（底层为

左 立面细部（事务所提供，Jan Bitter摄）

右 图书馆外观

从南广场看图书馆（事务所提供，Jan Bitter摄）

自行车库），两者之间形成了长方形的内院。同时，图书馆通过宽大的架空连廊与主教学楼相连，同其他建筑一道，共同构建了一场校园中心的精彩演出。

建筑表面由两种材料构成——玻璃与混凝土。虽两者质感完全不同，但由于有统一的共同"基因"——表面的柳枝图案，使其能够在对话中寻求到一种稳定。图案以两种方式分别印在了玻璃与黑色混凝土表面上，使得原本坚硬冰冷的材料有了某种性格与态度，也为室内空间增加了光影婆娑的意境，并有效地弱化了窗外进来的过强的直射日光，保证了在大厅各处学习的适合的照度。同时，玻璃与混凝土并非完全束缚在同一表面上，而是根据功能略有进退。于是，材料如此的微妙变化与进退便突破了原本的立方体形态，含蓄中投射出考究——这一点正与阿雷兹的设计风格相吻合。

时代在变化，数字技术也正在挑战着传统的纸质印刷方式，但图书馆作为大学精神中心的地位却没有变化。除了殿堂般的神圣感，当代图书馆更需要的是开放、平等、宽松的氛围。它不仅是一处查阅书籍的地点，更是一个能够令人专注投入，或彼此相遇、轻声交流的场所——这便是阿雷兹对这座图书馆的期待与追求，而这样的追求，是通过建筑的语汇传递出来，形成空间氛围并作用于潜意识中实现的。

 室内空间一隅

下 二层平面图

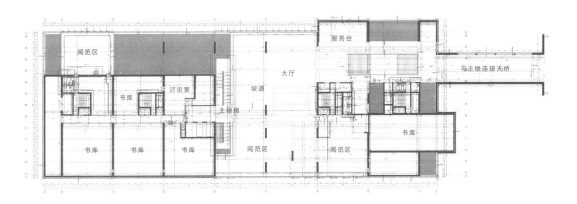

在完整有力的外表皮之内，包含着一个极富戏剧性与仪式感的空间序列。从入口开始，建筑师刻意安排了一条丰富而完整的交通流线体系。从转角的入口进入，小巧的门厅直接将人引入到宽大的直跑楼梯。上至二层，才进入真正的门厅，再向前，便来到图书馆最核心的部分——高大的中庭空间。如此的先抑后扬使得这个中庭空间格外震撼。建筑内壁的色彩和材料与外观统一，黑色的混凝土上依然重复着这个有高度识别性的柳枝图案。通高六层的大厅为主楼梯的表演提供了绝好的空间——它也是整个大厅内最为打动人的建筑语言。围绕大厅，组织了图书馆的多个功能。楼梯踏步很缓，不知是否是为了让人行走更舒适？

阿雷兹认为，凝重沉思对于一座图书馆是非常重要的，因此，黑色空间成为了这座图书馆最与众不同的特点。除白色地板之外，室内的顶部与竖直面多为黑色，既有利于藏书又使读者阅读时精力集中。黑色空间提供了一种思考、冥想的场所，使图书馆自然形成了静谧之感。黑色让背景纷纷退后，视觉自然地、更多地集中到桌面之上。红色点缀于其中，提示出桌椅、服务台、电梯等元素，使整个建筑沉静安宁又不失活力，而且空间指示明确、清晰。黑、白、红不仅是视觉装饰色彩，而且已成为控制建筑使用品质与心理状态的重要载体。

后来，在我对维尔·阿雷兹的访谈中，重点讨论的话题之一也是这个建筑。他重点强调了建筑路径在设计中的价值以及建筑中有趣的"云"的概念。[1] 藏书和阅览的关系是每个图书馆都需要解决的最基本问题。通常，传统图书馆将两种功能单独分区布置，而这里却以巧妙的方式将两者进行了有趣的混合。巨大的藏书空间被拆分成了小体量，云朵一般飘浮在中心大厅的空中，打破了人们头脑中"层"的概念。维尔·阿雷兹希望创造出"能够持续发现故事的建筑"，他也的确通过这座建筑成就了这个目标。整个建筑室内外一气呵成，整体感极强，但室内外氛围又不同，各自承担着不同的角色。外在，建筑通过一种"彻底隐匿"的策略来介入到已有的校园肌理当中，而内部的灵活与充满戏剧性的表情使建筑具有了强烈的爆发力，真可谓是正值壮年的阿雷兹的巅峰之作，也显示出了建筑师高超的控制能力。

书籍是大学最宝贵的财富之一，置身于图书馆，也就如同置身于这所大学最为珍贵的领地，也只有在这样的氛围之中，才有可能诞生大家——这些关于当代图书馆的种种想象与要求，阿雷兹都做到了。

[1] 更详细的内容可参见本书中对维尔·阿雷兹的访谈。

教育中心

建筑师：OMA

设计时间：1993年

建造时间：1997年

总建筑面积：11 000平方米

走出图书馆，库哈斯的教育中心（Educatorium）当然是另一个重点对象。Educatorium是一个拼造出来的词，意思是"学习的场所"，主要功能是讲堂、餐厅等，供所有科系及研究院共同使用。从外观看，两块卷合互锁的巨型混凝土板形成了屋面和楼板，由始至终贯穿整个建筑，变形和连续的表面形成二维折叠关系（2D folding），似乎看到了后来在CCTV上三维折叠的前奏。临校园一侧的建筑外墙，多样的材料在这里并置冲突，虽说个性强烈，但我始终觉得不如临街一侧的关系清晰、有力。

教育中心作为各系共有的场所，充分体现出了其公共性，置身其中，很难见到常见的立方体空间，空间体验别致有趣。楼板弯

教育中心外观

弯曲的空间

细部

建筑室内

折成的曲面墙和顶棚、地面连成一体，成为休闲交谈的公共场所。在入口大厅，一分为二的斜坡分别通往地面层的餐厅和二楼的演讲厅，坡道的应用使得空间走向一目了然，人流量大时也能顺畅通过。对于荷兰糟糕的秋冬天气特点，这样奢侈的室内公共空间的职能便成为了一个"城市广场"。

除了空间的流动性与显著的公共性，建筑的另一个特点便是朴素得甚至有些寒碜的材料。我想，乌得勒支大学是不太缺钱的，尤其是用到这座校园中心建筑之上，但材料的使用却与在其他地方看到的OMA作品一样——简单、直接、廉价。清水混凝土、玻璃、半透明塑料波形板构成了建筑的主要材料。建筑一开始似乎就没想与周围或者历史上的传统融合起来，犹如一个天外来客般的工厂，对形式问题表现出一种"漠视"或"不屑"。

库哈斯本人反对昂贵材料的使用（荷兰建筑通常都有这个特点），就像他反对昂贵地维持无意义的传统一样，因此，这个建筑是有态度的。这个态度就来自于这样的一种不妥协之感。粗略看来，材料的组织与建构似乎随意轻松，没有经过精心考量，也找不到执著于比例或构成的痕迹。规则与不规则、理性与非理性、秩序与混沌交织在一起，这便是库哈斯的矛盾的综合体，要把使用者对建筑材料的关注转移到空间与路径中去。在建筑中行走，高低、大小、明暗不断切换，犹如一个好玩的游戏，将人带入了建筑师预设的场景之中。材料与空间交融，诞生了建筑师所迷恋的"时间"。

杜威（John Dewey）曾说："艺术即体验"（Art as experence）。库哈斯可能不会承认自己想创造的是艺术品，但提供了不同状态的体验，已经触及了艺术的本质。建筑师所提供的空间绝不是静态的瞬间，而是活动的全部，考察"人与建筑"，必须包含时间维度：静态空间可以视为片断时间；运动空间关联着持续时间。两者可能发生转化，且对于人的行为与感知有着各自不同的价值。库哈斯在建筑中实现了对经典现代主义的修正——从一元或二元对立的问题到多元的过程。

这是个有生命力的建筑，也是一个骄傲的"普通建筑"。实体与空间体现了库哈斯的坚持，他认为建筑实体为空间存在，空间为人的活动存在。整个建筑基本保持了完整的形体，建筑的内部空间也保持了完整性， 同时，高度发达的公共空间及特别的使用模式，使它更应该出现在城市中，而不仅仅是一个校园建筑。

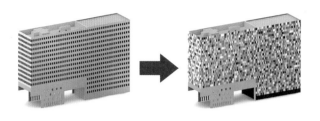

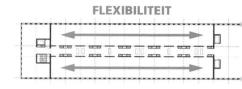

1510 RAMEN 'VALLEN WEG'

Smarties学生公寓

建筑师：玛丽丝·罗默（Marlies Rohmer）建筑事务所

设计时间：2003年

建造时间：2008年

总建筑面积：18600平方米

相对其他几栋早已名声在外的公共建筑，这座Smarties学生公寓算是新鲜出炉。迥然不同的建筑语言使得它不卑不亢地站在名师作品旁边，色彩斑斓的立面更隐藏了学生公寓那令人头痛的繁琐小窗。青苹果般的底层色彩，使人犹如嗅到一股清新果味。还有入口处垂吊下来的长椅，实在有些令人意外。

在乌得勒支大学校园这样的环境脉络中设计建筑，必然涉及身份与对话这样的课题。设计中，女建筑师玛丽丝·罗默始终坚持这

左上 立面构思原理
右上 标准层平面的结构构思
左下 建筑与校园的关系
右下 立面细部

建筑外观

样的原则——必须是一个风格鲜明的建筑，同时也要在已形成的校园网络中占有恰当的地位，与周围建筑有机互动。建筑总高度超过50米，这在周围平坦的，甚至有些荒芜的背景下显得格外高耸。但高度带来的与生俱来的标志性并没有让建筑师放松对个性特征的追求，而是从功能的原点找到了灵感的那几乎一闪而过的火花，并一举拿下了这座建筑的设计权。

公寓内共有380个居住单元，居住着来自世界多个国家的学生。这样的多样性便直接反映为立面上斑驳多姿的色彩——这也是建筑最为突出的特征。在罗默的介绍中，这栋房子变成了促进"友谊"与"爱情"发生的蜂巢，大量的学生栖居于此，发生着各样的故事。1500个窗户便这样隐藏于模数化的哑光铝板之中。

绿色部分的基座是建筑的公共空间，由四个巨大的混凝土支座撑起。一个长长的吊椅悬挂在建筑入口中心，妙趣横生。

（注：本小节图片均由Marlies Rohmer事务所提供）

2.6 WOZOCO老人住宅：惊愕背后的逻辑
WOZOCO Apartment for the Senior: The Logic Behind the Spectacle

建筑师：MVRDV建筑师事务所
功能：居住（100套住宅）
总建筑面积：7500平方米
时间：1994～1997年

建筑悬挑？没问题。当代建筑技术早已能将巨大的钢结构构件伸出百米之外。住宅？也没问题，一个宽大的阳台，甚至一个房间悬出外表面，更已不再新奇。但若是一整套，甚至十几套住宅全部悬挑在外呢？这也许不是所有的房子都敢于尝试的。

但WoZoCo做到了，这个提供给老人的普通住宅，竟将其中的13套居住单元完完整整地悬挑在建筑主体的外侧。即便不进入建筑内部，那超长的出挑比例，想必早已令人过目不忘，而这的确是一个普通住宅，而非博览会中的新奇事物——老人们悠然安居于此，享受着每天的日升日落与花香鸟鸣。

WoZoCo位于阿姆斯特丹西北近郊，也是我最初接触的MVRDV的作品之一，当然那时是在杂志上。若仅从形象上看，这绝对是一

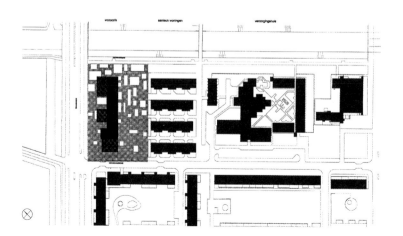

总平面图

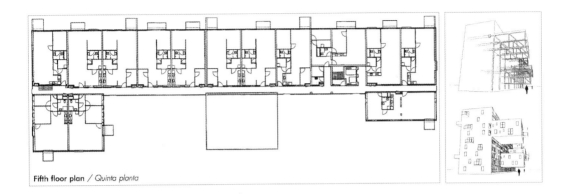

Fifth floor plan / Quinta planta

个令人瞠目的作品——巨大的木质盒子悬挑于空中；斑斓鲜艳的阳台充斥着另一个平整的立面；除了"盒子"、"色彩"这样直接的诉说，几乎没有沿袭任何传统住宅的细部语汇。与我见过的任何"青年公寓"相比，这个"老人住宅"都显然更加"年轻"。建筑已建成十几年，但依然个性十足。这个外表张扬、充满力量且毫不妥协的房子也给MVRDV带来了巨大的知名度，并不断地刊载于各种建筑媒体。

　　一个暖阳斜照的秋日，我与朋友刘广荣专程去拜访这座房子。按图索骥，从市中心乘公交约半小时后抵达了建筑所在的Osdorp居住片区。这是20世纪50~60年代发展起来的区域，其中的建筑仍在不断地更新建设。绿树成荫，水鸟成群，生态环境已十分优越。虽然建筑形象早已熟记于心，但当那几个硕大的盒子真实地显露出时，我们依然被震动了。

　　建筑位于居住区的北侧边缘，基本为南北向板式布局，略微逆时针旋转。建筑北面是一条车行干道，道路的另一侧便是一马平川的农田。建筑北侧便悬挂着那著名的盒子，大小不一，都像是在争先恐后地冲破建筑表面，奔向自然之中。盒子表面为木质，窗口不大，深褐色的木材更显其厚重。建筑主体表面是交通外廊，用玻璃与灰白色钢构件作为表面，轻巧而透明。于是，盒子的"厚重"便从这"轻巧"中夺路而出，对比鲜明。站在最低的一个盒子下，3米左右的净高倒真让人觉得此地非常"险要"。我们从北侧接近建筑，继而从西转向南侧。从侧面看，几个混凝土小盒子在南侧伸向空中，那便是另一侧的阳台了。然而，继续前进几步，那满眼的斑斓色彩便戏剧性地迎面而来，令我们再次由衷地惊叹。彩色小阳台充满了整个平整的南立面，阳台上透明的彩色有三面，也有一面

左　平面图
右　结构概念

的。在不同的角度观看，不断地变幻着色彩与虚实关系。于是，建筑的南北侧便是这样的截然不同。建筑周围是高低不同的各类住宅。东侧有一条小河与建筑布局垂直流过，浓密的大树遮挡着建筑，隐约中只看见跳动的颜色。阳台上，各家布置着不同的陈设，偶见几个老人在阳台，享受着阿姆斯特丹秋日难得的好阳光。

左下 南向阳台一角
右下 建筑仰视
下 建筑北侧外观

南立面

　　的确，一个充满了冲击力与意外的形象是争取关注度的首要因素。但事实上，形象只是整个设计过程的必然结果——荷兰建筑形态的怪异往往存在着严密的内在逻辑。

　　20世纪90年代，人口老龄化现象日趋严重。WoZoCo便是政府为独居老人投资建设的低成本社会住宅，共100套居住单元，在当时的阿姆斯特丹，这是少有的高容积率。为了保证城市公共绿地不被侵占，政府便打破了先前的常规而设立此案。但是，建筑必须受到严格的日照限制，即新建建筑不能遮挡已建建筑原本的日照条件——于是，对建筑的整体长宽高便有了明确的制约。

　　根据日照分析，建筑总体上呈现了西低东高的体形，西侧局部被"强制性"地压低了。但根据每套住宅的面积与开间（7.2米）要求，在这个由计算得出的总体形中，依然安放不下100套住宅，最多容纳87套。于是，另外13套住宅便不得不悬挂在建筑北侧——不干扰日照关系的位置。由于建筑整体规则方正，经济合理，因此悬挑部分增加的50%的造价便平衡在总体预算当中了。造价控制——这对于建设社会住宅是极为重要的考量指标，尤其是对于精于利益平衡的荷兰人来说。

　　从结构的可行性上来说，由于隔声要求，使单元间隔墙的厚度比结构所需尺寸多出了8厘米。于是，在不影响室内净尺寸的情况下，这8厘米便成了容纳悬挑桁架的空间，将结构的可实施性与建筑功能的合理要求统一在了一起。

　　有趣的是，荷兰的社会住宅有个传统，设计前便允许未来住户确定他们住宅的某个特色。由于项目资金并不充裕，所以在立面上挑选各自喜爱的色彩便是最经济的途径。于是，一个色彩斑斓的立面便由此诞生。

　　当然，纯粹的推理无法真正完成一个设计的全过程，推理也无法决定建筑中那些"非理性"的部分。在这个造价严格控制的普通建筑中，建筑师不仅完成了现在讲述起来似乎有些平淡的构思，更重要的是将这样的"推理结果"与建筑需要呈现的精神特质结合了起来：盒子的重量感与材料的选择、整洁内敛的建筑主体与跳跃俏皮的色彩块面的对比、细节的建构与有限空间中的趣味变化……这一切都表现出建筑师在严苛的"规定性动作"中完成了高难度技艺。正因为如此，这栋普普通通的老人住宅，便在建筑学的范畴中变得不那么普通了。

儿童阅读区

2.7 阿姆斯特丹公共图书馆：弱形式下的体贴
Amsterdam Public Library: Spiritual Details of the City

建筑师： Jo Coenen建筑师事务所

对于喜欢看书的人，到阿姆斯特丹就不要错过它——由Jo Coenen（前荷兰国家建筑师，即state architect of the Netherlands）设计的欧洲最大的公共图书馆——阿姆斯特丹公共图书馆。

荷兰的公共图书馆于20世纪初由私人发起创办，到1911年，这一机构的各种设施已日趋完善，资金来源逐渐形成了体系。阿姆斯特丹图书馆是这些公共图书馆中的代表，全荷兰目前最大的公共图书馆位于中央火车站附近，俯瞰艾河。新建的包括地下室在内的十层建筑，总面积达2.8万平方米。建筑于2007年7月开放，坐落于中央火车站以东，某水上豪华中国酒楼正对面，也是Oosterdok岛（ODE）上最重要的现代建筑之一。

第一次到图书馆，又逢下雨（在阿姆斯特丹的一半以上的时间是在雨中度过的），我和刚幸福地通过TU Delft毕业答辩的丁诚在这里几乎待了整整半天。这半天，我们也是幸福的，因为这是一个可以将读书转化成享受的场所。当然，对于建筑师，幸福还在于对这样品质的建筑的解读与学习——各种阅览、视听的场所随便享用，600台计算机可以随意登录。星期天的早晨，建筑中满座的读书人让我们看到了荷兰人"难得一见"的勤奋。在图书馆里四处探索、触摸，心中的情绪颇有些复杂，愉悦、羡慕，甚至还有一点点嫉妒。

除了图书阅览，这里还包含了办公室、展览厅、小剧场、会议厅、咖啡店……当然，顶层餐厅更是不容错过的亮点。完全没有意料到，在这样一个专业的图书馆里，竟然有如此地道与美味的餐

厅，而且居然还有丰富的亚洲爆炒。拿了托盘，自选食物，出口结账。人们在学习之余，到这里买上一份美味热餐后，就可以来到外面的露天茶座，边吃边谈，或尽情欣赏阿姆斯特丹古城全景。

图书馆展厅还不时举办各种专题展览。每一层，除了供大家伏案读书的长桌、座椅外，还都设有柔软舒适的沙发供读者使用。整个图书馆里，静心阅读的人随处可见。从咖啡角打上一杯浓香四溢的咖啡，随意翻看报纸杂志。

图书馆每天开放，从早上10点到晚上10点（这与荷兰下午6点商场通通关门闭户的场景形成了鲜明对比），地下2000个自行车位、1200个汽车位（远超中国相关规范规定），为这座图书馆的实用性提供了看不见的保障。

从"阅读"到"悦读"。也许，读书的场所就该是这样，一个首先能让人产生幸福感而手不释卷的地方。"书山有路勤为径"，但"学海"是不是一定要"苦作舟"？作为建筑师，我愿意给出的答案一定是否定的。

室内场景

2.8 荷兰声像研究所：空间的炫美雕塑

Netherlands Institute for Sound and Vision: Colorful
Spatial Sculpture

建筑师：Neutelings Riedijk建筑师事务所

功能：办公、博物馆、档案馆、声像图书馆、服务

总建筑面积：3万平方米

总造价：4000万欧元

建设地点：荷兰希尔弗瑟姆市媒体公园内

设计性质：国际竞赛第一名（1999.07）

获奖： 密斯·凡·德罗奖（2009）

玻璃建筑奖（2008）

金质金字塔奖（2008）

荷兰混凝土建筑奖（2008）

引子

距阿姆斯特丹东南约25公里处，有一个被称为荷兰的"媒体之城"（Media City）的地方——希尔弗瑟姆（Hilversum）。20世纪20年代起，"荷兰电台"（Radio Netherlands）便从这里源源不断地送出短波信号，传向世界。经过近一个世纪的发展，如今这座城市已经以多家国家级媒体机构驻地而闻名遐迩，它们会聚于城市北部，共同形成了一座巨大的"媒体公园"。"荷兰声像研究所"便是其中一抹亮丽的阳光。在园区内，这座建筑用斑斓的色彩、丰富的图案、方整的体量，清晰地展现着媒体的特性。如果要用一个

左 剖面图（事务所提供）
右 首层平面图（事务所提供）

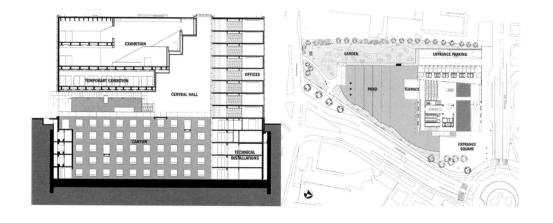

词来形容初次走近它的感觉，我愿意用"惊艳"——虽然这个词用于建筑多少有些突兀，但那绚丽的颜色、强有力的空间关系、透过斑斓的浮雕玻璃撒入的阳光，甚至那一路跌落奔向水案的餐饮休息区，真真切切地给了我如此的感受。

实地踏访之前，已在网站上浏览了这个建筑，图片不多，但已被它打动。尤其是那似乎深不见底的下沉内庭，暗灰色墙体与地面浑然一体，鲜亮的橙红色洞口整齐排开，仅一眼，便足以令人相信这是一个不同寻常的建筑。如今，有机会亲历其中，整个建筑扑面而来的空间气场依然难以言表。考察之后，我如约来到鹿特丹的Neutelings Riedijk建筑师事务所，在其合伙人之一——荷兰著名建筑师米歇尔·雷代克（Michiel Riedijk）的详细解释之下，很多建筑背后的故事逐一展开。

概况

荷兰声像研究所是全荷兰最大的音像资料馆，占全国音像发行数据总量的70%，收藏内容涵盖电影、电视、新闻等多个媒体领域，包括70万小时的音频与视频数据、200余万幅图片和2万多个媒体节目档案。另外，每年有数以万计的声像节目数据和1万余张CD和DVD会不断地充实进来。

建筑西侧外观：炫美的雕塑

虽建筑名为"研究所"（Institute），但整个建筑却是不折不扣的"综合体"，包含五个主要功能区：资料馆（公共广播馆、学术研究馆、政府音像资料馆）、博物馆、办公区、参观接待与后勤服务。声像研究所担负着双重任务——既要管理和保护荷兰的珍贵音像数据，又要让这些资料为大众服务。在1999年举行的国际设计竞赛中，Neutelings Riedijk建筑师事务所赢取了这座建筑的设计权。

空间与色彩

即使已经看到过建筑的照片，建筑内部的独特性与使用状态的开放性依然令人惊愕。从主入口进入，巨大的中央大厅猛地呈现在眼前。抬头看，是炫目的色彩与简洁有力的大体量构成；低头看，峡谷般逐层退台的"深井"（Central Well）更是出人意料——要到达接待前台，首先要走上一座桥，跨过"峡谷"。这样的一种"非常规"进入方式，已足以令观者兴奋起来。大厅将建筑所有重要的功能组织在一起，身处其中，到达不同功能的路径清晰地呈现在眼前，供人作出自己的选择。

到达接待区后，眼前便出现了另一张反差的画面。本来大刀阔斧雕琢而成的大厅突然在这里变得柔和，休息座位逐排跌落，穿过透明的玻璃外墙，直接伸向了水边，形成了方形的户外休息区。正值阳光灿烂之时，男女老幼会聚在平台上谈笑。观此景，突然闪过一个念头——这还是一个似乎该严肃的"institute"吗？

建筑中，最具个性的便是那巨大的下沉空间。荷兰国土海拔很低，大量区域甚至低过海平面，因此这样深度的地下空间实为罕见。然而，这并非建筑师的突发奇想，而是对设计条件、建筑性质与技术手段的整体思考的结果，令人过目不忘。由于设计功能指标中储藏与档案等用房几乎占到了总面积的一半，而这部分用房不仅恰好要避免过多的外部光照，更要求恒温恒湿的物理条件，基于此，为了地面以上获得更为宽松的空间，建筑师将建筑从地面标高处一分为二：下部容纳了档案储藏，上部则为博物馆及其他需自然采光的部分。连接两部分的是大厅中的公共接待、餐饮休息等部分。

值得一提的是，在这深达5层的下沉空间中，并没有给人阴沉不安的感觉。这首先得益于自然光的合理引入，逐层退台使得顶部天光得以较深地引入，建筑南侧的彩色玻璃立面也将自然光导入室内，并通过地面2层以上的办公体量表面反射下来。同时，下沉空间中独具匠心的色彩与细节组织也是成功的重要因素。墙面与地面用统一的深灰色，使之浑然一体。走廊用开方形洞口的墙体遮挡，摒弃了常见的外廊栏板（杆）。外廊上的窗洞比例经过推敲，不足栏板高度的部分采用无框钢化玻璃补足，在视觉上弱化了栏杆可能产生的琐碎之感，使得这部分空间成为一个巨大而整体的雕塑体，而非传统的几个楼层。透过外廊的方洞口，看到内部的鲜亮橙色，顿时将深灰的沉闷打破，令人叫绝。

表皮与情感

作为建筑的另一个重要创新，外立面表皮是第二个必须要讨论的话题。建筑师不仅思考了建筑的形态与色彩，更思考了如何实现。与媒体建筑的性质相契合，建筑师将电视档案的画面转化到建筑立面之上，但不是简单的平面印刷，而是用彩色浮雕玻璃实现。据建筑师介绍，这样的方式不仅出于对建筑性质的传达，更有一个设计的"秘密野心"，便是期望建筑能够传达出教堂室内那种斑斓色彩，以唤起人的某种精神向往。同时，现代建筑中常常因为更新的技术而将人的触觉忽略，在数字技术与印刷技术发展的今天，形态不需人工雕琢，绘画也无须凹凸肌理了，但传统建筑中那凹凸不平的浮雕，或光洁或粗糙的材质对比，让人与建筑在无声地交流，这是建筑师所希望回归的——可触摸的表面。

于是，对理想的坚持便决定了这条"自讨苦吃"的道路。为达到预期效果，同时也要满足相关规范的要求，事务所前后花了三年时间，建筑师与玻璃制造专家Saint Gobain一道，创造出了一种全新的玻璃材料。748个浮雕图片，印刷在了2100块彩色玻璃单元上，斑斓的色彩与凹凸变化的表面，构成了一幅媒体的"幻像"。

低调的节能

这个建筑为我们展示了一种建筑师的策略，含蓄地将节能措施与空间特色相结合，主要体现在以下几个方面：

占据五层的档案馆（6500平方米）位于地下，其中分别形成了5个不同的气候区，温度在12~19℃范围内变化，并保持恒定的湿度。由于空间位于地下，温湿度变化相对较小，减少了大量需要人工设备控制的恒温恒湿的要求。建筑体形方整，体形系数（总外墙表面积/总建筑面积）低，也大幅度减少了能耗。另外，建筑在使用过程中释放的热量通过热交换设备进行重复利用，热源与冷源分别储藏于地下100米深处，用于满足冬、夏不同时段的要求。

办公部分采用混凝土内的地热与地冷系统，这是一种效率很高的系统，因此，室内空间不再有吊顶或后浇层，大量节约了建筑材料。外表面采用主动式双层墙体系，以适应外界气候发生的变化。外墙灯饰系统与放映厅内采用了节能LED系统，仅为传统照明方式耗电量的1/5，同时寿命延长了三倍，虽然初始投资偏高，但这多余的支出将在5年内收回。

地形的珍惜与尊重

在荷兰，几乎所有的土地都是一马平川的，但到了这个研究所，地形的高差倒是有些令人感到奇怪了。从主入口进入，通过大厅内部的下沉台阶，走下一层高的位置，从滨水平台出去，会看到一个凹下的水面。由于周边道路高过水面，因此，在这个平台上休息时，周围道路的车行影响几乎无法察觉，为建筑形成了一个天然的"避风港"。我带着这个问题，曾当面向建筑师雷代克请教，得到的答案让我有些吃惊。雷代克肯定地说，这是原始地形所致，并马上勾画了草图，描述了"冰河世纪"时冰川覆盖到荷兰，在这个城市形成了一条挤压线，产生了不一样的地形。于是，在荷兰便有了这样"宝贵"的高差，更有了建筑师精妙的处理。

观点：理性推论下的创新

荷兰建筑师的创新，甚至是看似离经叛道的形式生成，通常不仅仅是灵感闪现，而更多地是来自于对设计任务、对项目特征的深刻解读。参观完这座建筑之后，我拜访了米歇尔·雷代克。建筑师与业主一道，无疑构建出了一个面向未来的媒体资料的示范性建筑。雷代克谈到，进入21世纪，人们已经生活在一个数字化的时代，音像数据化的应用越来越多。数据不仅提供给媒体工作者，也要提供给学术研究者和公众。因此，从研究所的角度来说，其未来目标是要成为最佳媒体资产管理者。因此，这座建筑的目标便是为语言传播、视觉传播、形象传播、信息传播等多种媒体的不同合作搭建起交流沟通的平台。

对于这座建筑，各方寄予了厚望，注重创新的荷兰人也期待着不同形式的诞生，正如业主在设计之初便明确提出："影像数据应当能够以一种更加真实和生动的形式存在。"走在建筑中，深深地感到，这个要求已经被更为完美地实现了。

外墙玻璃细节

建筑室内

2.9 阿纳姆医疗康复中心：低调的奢享
Arnhem Rehabilitation Centre: Silent Luxury in Woods

　　Arnhem是荷兰东部的一个城市，中文叫"阿纳姆"，也译作"安恒"，因荷兰语和英语发音不同。Arnhem因为"二战"时期的著名战役"市场花园行动战役"而名声在外。我们这次过去，目的主要是看一个新建筑——"Arnhem康复中心"。

　　这是由荷兰著名建筑师Koen van Velsen设计的新作，曾登上2009/2010年度《荷兰建筑年鉴》封面，也在众多欧洲建筑杂志中亮相，TU Delft的老师Rob曾重点向我推荐。Koen van Velsen是个低调但极有才华的建筑师，很少抛头露面，甚至事务所没有自己的网站！在今天，这几乎是不可思议的事情。

　　建筑隐于树林之中，最精彩之处便是坡地之上的昂首姿态。那是一组透明干净的玻璃盒子，是餐厅的一部分。在荷兰极少有如此高差的地形，因此，看得出建筑师极为用心地处理了这一关系。树林幽深，踩在松软的落叶上，心情大好。只可惜天气不理想，照相的难度太大。

左 各层平面图
右 表皮材料：金属外墙板

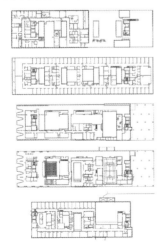

　　建筑最精彩的是室内，但不许拍照，存好相机，征得同意，入内参观。室内空间细节的关照与鲜艳得体的色彩令人赞叹不已。这里主要用于针对身体残障人士的康复治疗，在这样的环境中，通过锻炼、交流、治疗，得到恢复。在游泳池里，年轻的护理人员在耐心地帮助老年人游泳；建筑尽端，面向苍翠树林，几位老人在低声闲聊，我们走过去时，很开心地与我们打招呼；健身房里，老年人在缓慢步行……在这里，看到的已经不全是建筑了。

左上 建筑外观（引自荷兰建筑杂志）

右上 室内空间（引自荷兰建筑杂志）

下 建筑悬挑空间

THREE **3**

荷兰的人：
无止境的创造

Dutch People:
Endless Creativity

3.1 概述：创意背后的头脑
Introduction: the Brains behind the Creativities

创意的土壤

在导言中已经提到，在"黄金时代"中，荷兰的经济、文化、艺术都达到了一个空前的高峰。当时的文化遗产，也必然会在接下来的二三百年中起着重要的影响。

在各种文化艺术类别中，成就卓越的荷兰绘画无疑对建筑造成了极大的影响。在"黄金时代"里，荷兰画家不再单一局限于宗教题材、文学典故，转而从大自然中获取营养，风景画中也开始出现无名人物，这在西方古典绘画史上是一个显著的突破。例如前文已经提及的伦勃朗、维梅尔等人，大量细致入微的观察与描绘，显示出了对自然的尊敬与惬意，也体现了艺术与人的新关系。两百多年后的另一位天才人物梵高（1853-1890）则更以自己的方式表达出了对世界最真实的热情，鲜亮的色彩与强烈的节奏反映了对生活的态度。荷兰建筑在今天依然散发着这样一种强烈的激情与对现实问题的尊重。

在这样的思想熏陶下，到20世纪初，荷兰的现代运动探索显得激进和彻底。现代运动最根本性的表现便在于推翻神学统治，导向现实化和人化的理性精神。在这个世纪，荷兰的绘画艺术与建筑共同走进了一个新的历史时期，20世纪初期"风格派"（De Stijl）的诞生便是一个重要标志。1917年时，荷兰艺术家杜斯伯赫（Theo van Doesburg）与蒙德里安（Piet Mondrian）发起了"风格派"建筑与艺术风潮。蒙德里安在"色彩构图A"中将一些小色块用直线相连，色彩方块与线条错落相交，疏密有致，这样的构成关系使人很自然地联想到施罗德住宅。直到现在，"风格派"这样处理材料与色彩的方式依然在荷兰新建筑中随处可见。

荷兰建筑师也积极参与（或组织）各种国际团体与运动，除了以开放的心胸接纳外国建筑师进入荷兰，也以进取、积极的姿态进入国际社会。荷兰人长久以来对于社会、自然以及都市发展的响应与责任感，更是荷兰建筑成就最坚实的基础。到这个世纪中期，已经出现了如贝尔拉格（Hendrik Petrus Berlage）、里特维德（Gerrit Thomas Rietveld）、杜多克（Willem Marinus Dudok）、凡·杜斯堡(Theo Van Doesburg)、阿尔多·凡·艾克（Aldo Van Eyck）、皮特·奥德(Pleter Oud)等众多著名建筑师，共同奠定了荷兰现代建筑的基础。

贝尔拉格（Hendrik Petrus Berlage，又译"贝尔拉赫"）是一位跨世纪的承前启后的人物。他在瑞士学习建筑，受19世纪德国建筑师塞帕尔（Gott-fried Semper，1803-1879）的影响，在建筑设计中注重理性和真实性，用几何手法处理体积，用物质性手法处理材质，两种手法自由整合，使显露的功能产生新颖的效果。他的创作实践过程可以代表阿姆斯特丹学派的探求简洁化的道路。贝尔拉格在《建筑风格随想》和《建筑原理和演变》中阐明了空间第一性原则："建筑匠师（Master-builder）的艺术在于创建空间而不是画立面。空间的外表是由墙组成的，按照墙体的复杂程序，一个空间或一系列空间得以体现出来。""我们的建筑师必须回归到真实性上，抓住建筑的本质。建造的艺术永远意味着将各种要素组织成一个整体以围合出空间。"

贝尔拉格长达50年的工作，对荷兰年轻一代建筑师产生了重要影响。阿姆斯特丹交易所是贝尔拉格最主要的建筑作品。可以讲，

油画"冰上的冬景"（作者：Hendrick Avercamp，1585-1634）

贝尔拉格几乎成为了20世纪荷兰现代建筑运动的一个重要标杆，因此，在"Hundred Years Of Dutch Architecture（1901-2000）"[①]一书的中文版中，显著地加上了"从贝尔拉赫到库哈斯"的字样。

两次大战间，国际现代建筑运动由"国际现代建筑协会"（CIAM）推动，其创始成员即有里特维德与贝尔拉格等荷兰建筑师。1954年，CIAM的角色逐渐由荷兰建筑师凡·艾克与贝克马（Jacob B. Bakema）等人共同创建的Team 10所取代。凡·艾克主张摒弃功能主义，抨击"二战"后所谓的现代派建筑实际上大都缺乏创新，认为当今各处的城市变成了一种组织化的毫无特色的地方，呼吁建筑设计返回人文轨道上来。同时，凡·艾克还担任荷兰著名建筑杂志《论坛》的编辑（后来赫兹伯格也加入其中），为他发表主张提供了极大的便利。他传承了阿姆斯特丹学派的设计传统，并保持着早期荷兰现代建筑师的创新精神，其设计运用了严格的几何构成和结构主义的空间句法体系。

"二战"后的重建工作为荷兰的整体国民精神作了最好的注释，勤劳、务实的传统风气在这一时期体现得更加清晰。荷兰建筑师协会（NAi）曾于1986年统计出荷兰70%的建成环境是在"二战"后创造的，到2000年，这一数字已超过了75%。人口的剧烈增长也是这一时期显著的特点。因此，大量的设计实践机会使得荷兰的现代建筑发展得非常迅猛。

"理想建筑"与"建筑理想"：两种介入的方式

若以2000年作为中点来观察前后两段十年，荷兰建筑既经历了第一个十年的快速爆发期，也经历了第二个十年的平稳渐进期（这个时期甚至曾被描述为一种"衰败"）。如果说"第一个十年荷兰建筑的成功是基于历史上的优势——当现代化进程要求以创造性的方式去推动革命性进步时，所采用的极端实用主义加美学创新"，那么，第二个十年的平缓则源自这种极端张力的崩塌和国际经济形势的恶化。要生存与发展，建筑师不仅要成为更面对现实、更具针对性的"问题解决者"，也必须对未来问题、经济状态加以更深切的关注。

活跃在公众视线里的荷兰建筑师，尤其是那些先锋者，常因其对问题的分析深度与务实的设计态度而著称，也形成了荷兰建筑活动独树一帜甚至桀骜不驯的状态。但是，这样的独特性在快速发展的轨道上前进过久，便存在着局部失控与发热的危险——部分建

① Umberto Barbieri, Leen van Duin. Hundred Years Of Dutch Architecture (1901-2000), NAi Publishers.

1 Aldo van Eyck在Otterlo会议上的图示
2 "红蓝椅"（设计：Gerrit Rietveld，1917）
3 《从贝尔拉赫到库哈斯》封面
4 Aldo van Eyck在Otterlo会议上演讲
5 《风格》（De Stijl）杂志内页
6 J. J. P. Oud

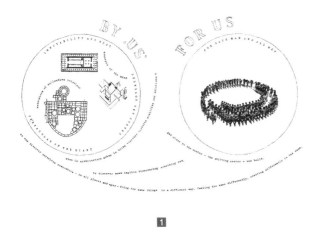

筑变得为了"独特"而独特，引以为荣的"研究"与"数据"也沦为建筑不容置疑的挡箭牌；毫无文脉参照、特立独行的建筑开始出现——设计开始成了某种意义上的"宗教"，获得了崇高敬仰后便开始不受约束。所幸的是，荷兰建筑从整体上并没有真正脱轨，反思与自我调整不断地在前进中进行。在沦为美学实用主义的边缘的时候，对社会的再度介入成为了荷兰建筑界后十年的共识。在这个意义上，21世纪初至今的经济危机充当了警醒建筑的"正面"角色。

随着自我调整与转型，纵观荷兰当代的建筑（师），两种明显不同的倾向已经显现，可分别概括为"建筑的理想"（Built Ideas）与"理想的建筑"（Ideal Buildings）（Egbert Koster，2010）。前者指的是那些早已建立起国际影响力的设计机构，如OMA、UNStudio、MVRDV等事务所，凭借其独到的研究力和创造力，依然占有良好的市场，特别是在亚洲国家和地区有着强烈的"明星式"的号召力，不断输出全新的设计理念和惊异的标志性建筑。这类建筑师通常表达着强烈、鲜明的理论或宣言，理想式地追求着建筑的未来。

荷兰建筑师的整体水准让访谈与考察名单一再增长，成为一个几乎无法穷尽的探索。限于篇幅，这里不得不戛然而止。我想在荷兰探究的是这样一个群体在"过去"、"现在"以及更重要的"将来"所担当的角色。2009年，荷兰建筑学会（NAi）的掌门人欧雷·波曼（Ole Bouman）出版了一本书《因果的建筑学：未来的荷兰设计》（Architecture of Consequence: Dutch Designs on the Future），探索建筑师能够在未来充当何种角色。书中提到目前全球面临的七大难题，如食物短缺、可替代能源、可替代空间……这些关联着全人类未来的"大"话题都出现在了荷兰建筑师的解答之中。

欧雷·波曼在接受采访时强调了这样一句早已司空见惯的陈述——"建筑不仅应具有展示的功能，还应具有解决问题的能力。"这句话，平淡中透射着自信与责任，这便是我所看到的荷兰建筑师，一个全面介入的专业集体。

库哈斯获第12届威尼斯双年展
金狮奖终身成就奖（2010，
Giorgio Zucchiatti摄）

3.2 库哈斯与OMA：荷兰的"非建筑师"标杆
Rem Koolhaas and OMA: the Non-architect Summit for
Dutch Architects

对于雷姆·库哈斯，几乎不用再过多渲染。翻看大量建筑媒体，他的名字似乎从没有离开过媒体的焦点。在构思本书框架时，我甚至曾犹豫，在这原意为探索隐于背后的故事的书本里，是否还需要讲述这位总是站在舞台中心的炙热耀眼的"超级明星"？在长篇累牍的各色媒体里，此处的任何描写似乎都显得多余。

在触探荷兰建筑的整个过程中，库哈斯的名字不断出现，这个既远实近的名字被提及、解读，或被推崇、质疑。无论怎样，他已经在那里，无法绕开，但我们真地熟悉他吗？库哈斯的身份实在太多：当代建筑世界级先锋人物、建筑教育的探索者与实践者、普利兹克奖获得者、《癫狂的纽约》、OMA、AA、哈佛研究教职、莫斯科Strelka学院、"S, M, L, XL"、CCTV新址大楼……这些关键词已经与库哈斯的外在形象融合在一起，成为了这名最不像"建筑师"的明星的众多外在标签。对于库哈斯，不知该将其理解为会做设计的城市与社会学理论家，还是深谙理论之道的设计师，或许，以上分类全都不对。

库哈斯的人生经历颇有些值得书写和玩味的地方。1944年，他出生于"二战"结束前夕，满目疮痍的鹿特丹，8岁时随左翼派父亲迁居独立后的印尼雅加达（一个在地理和心理上极度分裂的城市），12岁回到（早已整饰一新但又陌生的）荷兰；19岁成为《海牙邮报》记者，并开始为专栏撰稿。《海牙邮报》是一个右翼刊物，公开为资本主义制度和自由市场经济辩护，这在当时的欧洲是罕见的。

　　个人目标的真正树立往往不是在我们高考填志愿的时刻，世界上不少建筑大师最终的职业选择要晚很多。24岁，库哈斯的职业生涯由此转向，赴伦敦AA（建筑联盟学院，建筑激进主义的温床）学习建筑，对当代文化环境下的建筑现象表现出浓厚的兴趣，记者、剧作家走进建筑师阵营。随后，在Harkness研究奖学金的资助下，他开始了一段极重要的美国经历，在Ungers以及Peter Eiserman事务所参与研究与设计。31岁，在《癫狂的纽约》的写作基本完成之时，库哈斯与人合伙在鹿特丹创立了OMA，试图通过理论与实践，探讨当今文化环境下现代建筑发展的新思路，走上了职业建筑师的道路。如果说《癫狂的纽约》是令人难以明了的晦涩理论，那么，OMA（即"大都会建筑"）则试图以直接的物质化方式将理论变成现实，OMA 也标志着库哈斯的着陆，正式选择了建筑师身份，作为他介入与回应大都市发展的一种方式。

　　知命之年，OMA规模急剧扩大，到20世纪末，其作品已遍布全球；2000年，库哈斯56岁，获全球建筑界最高荣誉"普利兹克奖"——

左 《癫狂的纽约》插图
右 《癫狂的纽约》封面

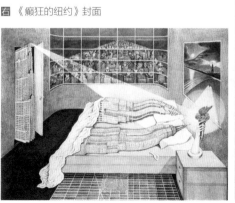

其承上接下的历史影响得到公认，他本人也愈战愈勇；2002年年底，OMA转战中国，虽在广州歌剧院设计竞赛中败走麦城，却在更有影响力的CCTV新址大楼设计竞标中高调胜出；2010年，66岁，库哈斯获第12届威尼斯双年展终身成就金狮奖……我想这个履历还将不断地增添，因为我实在没有理由将已68岁（2012年）的库哈斯理解为一位老人。

库哈斯的职业转向一直是个传奇：从记者库哈斯到建筑师库哈斯。或许正是这样的媒体经历（或者是天赋？）使得库哈斯极擅长制造概念，并令人过目不忘。虽然他传统意义上的记者身份并未一直延续，但建筑（城市）已成为他发掘和制造事件的方式，将记者的本能关注带入了设计。因此，库哈斯是有别于其他建筑师的。他是第一个系统地将对社会问题的关注和建筑融为一体的建筑师。在库哈斯的世界里，建筑绝不简单地是个功能的容器，而是无数事件交互碰撞的反应堆。

其实，在他成为真正有作品建成的建筑师之前，库哈斯早已是一位出色的城市理论家。从AA毕业后，库哈斯继续赴美国学习，并在埃森曼的事务所工作过，对纽约这样的超级大都市产生了狂热的兴趣；1978年，年仅34岁的库哈斯出版了他那本重要的著作——《癫狂的纽约》（Delirious New York: a Retrospective Manifesto），开始以城市理论家的形象闻名于世。书中全面梳理了纽约（原名"新阿姆斯特丹"）在"二战"结束前疯狂的现代化历程和理论。曼哈顿，这个新大陆东海岸拥挤而肮脏的小岛，资本主义腐朽权利的中心，变成了库哈斯的"手术台上的一个失忆的病人，记忆是层堆积的非连续片断，而城市则是它的梦幻般的蒙太奇"。库哈斯分析了当代大城市出现的共同现象，如高密度、高层化、格子状区块与立体网状交通系统等。这本书称得上一部关于大都市的"奇幻小说"，不拘一格的内容组织将论文、设计、插图编制为一体，对当代大都市滋生出的特别文化现实进行了超现实主义的批评。库哈斯是喜欢写作的，他曾坦言："在我本人看来，我作为作者和作为建筑师的成分不相上下。"

20世纪90年代，库哈斯的普通城市（Generic City）思想更将城市问题从空间转型到资本，认为城市是晚期资本主义文明产生的无尽重复的结构模块，城市变化的真正力量在于资本流动，而非建筑与规划这样的职业设计，城市将会逐渐趋同、类似。在其思想与理论的推动下，库哈斯更将实践、论述、教育的触角延伸至世界各地的新兴大都市，并在国际间引起了巨大的反响。2010年，OMA与Strelka学院联合，在莫斯科开办了一所全新的研究型设计学院——Strelka Institute for Media, Architecture and Design（Strelka媒体、建筑与设计学院），用建筑教育传递着对建筑全面介入社会生活的理想。

如同半个多世纪前柯布西耶发起的"新建筑运动"，库哈斯倡导的"大都市建筑运动"一样来势凶猛，但与"新建筑运动"的出发点却大相径庭："新建筑"希望抹去"旧建筑"，形成一个全新的城市，而"大都市建筑"则更愿意在既有结构中创造——通过都市的特有社会结构产生特有的建筑；"新建筑运动"期望城市密度变得平均而标准，建筑控制一切，秩序井然但毫无生趣，而"大都市建筑运动"却将建筑视为连接各项复杂关系的节点，使之成为中心、综合体、建筑城市，也加剧了旧有事件之间的摩擦、碰撞、融合，物质化的建筑并不能呆板地控制什么，只能诱导和催化，而建筑本身也是自我发展的。

在《癫狂的纽约》成书后二十年，库哈斯在《S，M，L，XL》中显现出了对尺度的兴趣，"大"也成为复杂的一种特别表现，获得了更多的关注，而这个特征，正好在某种程度上与当代中国不谋而合。

在建筑界，理论与实践到底有多大关系，一直是纠结不清的问题。库哈斯的矛盾性与争议性也在于此。"普通城市"中，空间形态的趋同化背后，却是掩盖不住的文化差异性。库哈斯太懂社会学问题与解法了，他曾直言，他的设计就是希望创造争议——对于中国人来讲，最熟悉的莫过于央视新址办公楼：从设计方案评选到施工建设，再到突然遭遇的设计概念风波，这座建筑从一开始似乎就没打算安静地生长，有太多文字叙述它，我不打算狗尾续貂。仅以库哈斯在中国的另一件作品——台北演艺中心为例，看看他对建筑所处文化的理解之高超穿透力。

库哈斯认为建筑师就如同一个梦想的混合物，包含着万能与无能的交织混杂，城市与社会生活也充满着混合性与复杂性，因此，拼贴成为了他反讽城市乃至建筑设计的重要手法。在"台北演艺中心"的设计中，以半露天的开放空间，尝试着将夜市食客与音乐会观众融合在一起。从他的观点来看，建筑不应该是隔离族群的"墙"，而应该是打破界限、熔炼、包纳文化的容器，于是，将大快朵颐的夜市排档与衣冠楚楚的音乐盛会并置在一起。评委兴

台北演艺中心（OMA作品）

奋地接受了这一观念，以此表达对建筑介入社会的一次有力的支持。虽然如此，台北民众似乎并不觉得这是个与城市环境相互呼应的作品——为何在这块面积狭小、交通繁杂的基地上要出现这样一座截然不同的外来物种？为何要用一个巨大球体面对交通车站？这样的问题犹如数年前在北京的境遇一样，库哈斯在赢取了评委的青睐以后需要面对的是数不清的公众疑问。就像建筑界里"皇帝的新装"一样，所有的迷惑依然缺乏直接对话的勇气。事实上，与其说这是个呼应城市环境的建筑设计，不如说它是一个反映状态的观念作品。外观恣意生长的形体与悬浮动感的球体给人带来的是实实在在的压迫感、焦虑感，甚至是莫名的源泉。或许这反而道出了台北的气质。

其实，这样的貌似含混的形态组织在库哈斯心中早已有之，在海牙国立舞剧院（1987年），建筑犹如一幕夺目绚烂的舞蹈，追求着装配式视觉艺术或舞台布景与剧本提纲的结合：波浪屋顶与建筑体量合奏出动感不羁的旋律；金色弧形餐厅和入口深色玻璃斜廊成为了光鲜却又绅士的引导者。与迈耶的市政厅比邻，它成为了城市中绝妙的争执。有意思的是，这场争执并未终结，库哈斯却要退后了。在哈迪德的新作——海牙舞蹈中心的效果图里，这座国立舞蹈院已经消失了。

舞蹈院的消失并不需要惋惜，在库哈斯看来，当城市原有的可识别性不再符合现代社会生活时，固守历史沉淀毫无意义；城市规划应给一定的内容留有变更的余地，不把最终的形象具体地表达出来；重视当代文明，提倡"普通城市"；建筑是特定计划、事件和活动的系统化背景，摆脱比例、构成、细节和规模等传统及现代的做法；在不忽略必要细节的前提下，整合具有内在联系的建筑个

左 Strelka学院讲座场景
右 Strelka学院的研究主题

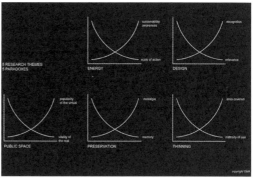

左 香港西九龙文化区城市设计（WKCD）竞标案（OMA作品）
右上 香港西九龙文化区城市设计（WKCD）竞标案（OMA作品）
右下 库哈斯（右1）与严迅奇（左1）、诺曼·福斯特（左2）在2010威尼斯双年展展场论坛（Marco Beck Peccoz摄）

体，用巨大的建筑体量来容纳各种功能活动……

伊东丰雄曾称OMA生产方案的速度如同"投球机在自动发球"。这个著名的设计机器一直这样高负荷地运转着：任务繁多，人手有限，要求极高……这个机器不仅生产了各种令人惊愕的设计，也"生产"了更多的明星建筑师——Zaha Hadid、MVRDV、FOA、NOX、Gigon & Guyer、Claus & Kaan、Neutelings Riedijk……世界各地慕名而来的建筑学生为OMA不断注入新鲜血液与能量，虽然受虐却乐此不疲，因为大家都认为受虐后的受益还是值得的。在我认识的青年学生中，不少人在毕业后挤进了OMA的门槛，为的就是那一段极具含金量的工作经历。

库哈斯的语言是犀利的，虽刺耳却真实：

"我们在（水泥）砂浆的死海中泥足深陷。如果我们不解除自己对真实的依赖，并重新将建筑视作一种思考古老问题的方式，建筑学也许将不会持续到2050年。"

——普利兹克颁奖礼上的演说

"购物可能是最后仅存的公共活动方式。"

——《哈佛购物指南》

"在中国，一栋40层的建筑物可以用苹果机在不到一周的时间内设计出来。"

——哈佛城市计划：《大跃进》

"在21世纪初，一亿三千万人口居住在他们的出生国之外。"

——哈佛城市计划：《突变》

"2015年，在预测的33个大城市中，将有27个位于最不发达国家，其中19个在亚洲。"

——哈佛城市考察：《突变》

"概念上，每一个监视器、每一个电视屏幕都是一扇窗户的替代品，真实生活就在其中，虚拟空间已变成了广大的户外。"

——《垃圾空间》

"机场正在取代城市……它有着与世隔绝的附加魅力，在这套系统中你无处可逃——除了另一个机场。"

——《普通城市》

……

的确，库哈斯行踪难定（事务实在繁多），机场成了他待得最多的地方，当你以为可以在目的地遇见他，他已经去往下一个地方。

作为一个中国建筑师，我对库哈斯的关注将持续进行，因为

左 威尼斯il Fondaco dei Tedeschi项目鸟瞰（OMA作品）
右 威尼斯il Fondaco dei Tedeschi项目模型（OMA作品）

他实在是太有戏剧性、标志性与荷兰性了。在我们熟知的CCTV设计中，库哈斯从典型的荷兰式实用主义出发，没有对任务书、选址等问题提出任何质疑，而是规规矩矩地回答了任务书的问题：如何塑造一个标志性建筑？库哈斯团队最终给出了他们的答案。在合同签署仪式上，库哈斯这样严肃地致辞："鼓足干劲，力争上游，多快好省地建设社会主义。"面对镜头，库哈斯也举起了自己的小相机。他被中国注视，他也注视着中国。因此，我更希望将他视为一个眼光敏锐、见解犀利却深谙地域文化的思想者。

可惜的是，虽与OMA联系，但由于库哈斯实在过于繁忙，未能与他访谈对话。不过，库哈斯的精神早已溶解在他的言语与作品之中，我解读得是否准确，已经不再重要。他用了数十年，制造了这个时代的盛宴，虽然口感并不讨好，却实实在在地忠诚于这个时代。

（注：本小节图片均由OMA事务所提供）

维尔·阿雷兹正在为笔者签名

3.3 维尔·阿雷兹：可触摸的未来
Wiel Arets: The Tangible Future

维尔·阿雷兹（Wiel Arets，1955），荷兰当代著名建筑师、建筑理论家、教育家与工业设计师。1983年，维尔·阿雷兹毕业于埃因霍温理工大学。目前，阿雷兹的事务所包含三个分部：马斯特里赫特（1984）、阿姆斯特丹（2004）和苏黎世（2008）。在近30年的职业生涯中，阿雷兹获得过很多重要的设计奖项，包括"密斯·凡·德·罗奖"（1994）、"20世纪1000个最优秀建筑"（UIA，1998）、"BNA Kubus奖"（2005）、"阿姆斯特丹建筑奖"（2010）等。同时，阿雷兹也在多所建筑与艺术院校任教。1995～2002年，阿雷兹继赫兹伯格之后，任荷兰贝尔拉格学院（Berlage Institute）的第二任院长，2004年起，任柏林艺术大学（Berlin University of the Arts）教授。

维尔·阿雷兹，我敬仰的当代荷兰建筑师之一。最初对他的关注源于一个极简单的原因——"乌得勒支大学图书馆"。作为建筑师，一个作品便能敲开观者的心灵窗户。

纵观维尔·阿雷兹近三十年的执业生涯，可以看到他所走过的一条坚定不移的现代主义道路。若单从建筑形态传递的信息看来，他与OMA、MVRDV及UNStudio等蜚声国际的荷兰建筑师群体所走的路径更有着明显的区别：严谨理性的空间形态，精确推敲的构造细节，更像是一位德国或瑞士的建筑师。20世纪末，汉斯·凡·代克（Hans Van Dijk）在《20世纪的荷兰建筑》一书中评价道："维尔·阿雷兹的作品传递着基本与极简的材料组织以及内外空间的纯粹几何性。"①

事实上，若仔细梳理近十年的轨迹，可以清晰地看到，阿雷兹持续热忱地关注绘画、电影、教育以及东方国度文化的影响，积极投身工业产品设计，强调社会发展进程的复杂性，坚持以建筑学为社会发展的开路先锋——这些观念与行动，已经远远超过了对"形态、空间、材料"等话题的"工匠式"执着，而是表征着其鲜明的社会性和"荷兰性"。作品形式的"冷峻抵抗"与身心投入之热情，构成了阿雷兹作品特殊的气质。在荷兰背景下解读其作品精神的特殊性，与阿雷兹的成长与求学过程都处于荷兰相对边缘的文化圈层亦有密切关系，而这样的特殊与边缘，却让阿雷兹在当代荷兰建筑的风云浪潮里站稳脚跟，并曾执掌荷兰建筑与城市研究重镇"贝尔拉格学院"帅印达8年。

我相信，任何成就的背后，必然有一串坚实的足印。在对阿雷兹的访谈中，我试图探寻到这身后的东西。

八个关键词

原则（principle）、无意识（unconscious）、路径（route）、尊重（respect）、内在（interiority）、内容（contents）、惊讶（surprise）、世界（world）

在维尔·阿雷兹事务所的网站首页（wielaretsarchitects.nl），各栏目名称都置于一个完整的语境之中，用粗体字标出。在下文的访谈记录中，亦试着将我所理解到的蛛丝马迹用此法标明，借以从完整的语境中提取出一条理解线索。

访谈

阿雷兹在阿姆斯特丹的事务所位于城市南侧，一条普通的住区街道旁。惟一的事务所标志印在了门铃的按键上，字高不过2厘米，令我往返数次，几乎错过此地。进门以后，与其说这是一家事务所，不如说是一座传统低调的荷兰住宅。在前厅等候片刻，阿雷兹手拎旅行箱如约而至，一边解释着因从机场赶来而迟到，一边引我上至二层的小型会议室。

维尔·阿雷兹事务所的入口标志

① Hans Van Dijk. Twentieth-Century Architecture in the Netherlands, 010 Uitgeverij, 1999:146.

（A: 维尔·阿雷兹，C: 褚冬竹）

C: 在你的职业生涯中，完成了大量优秀的作品，并获得了很多重要奖项，同时，你也成功地介入到了建筑教育与工业设计之中。我非常欣赏您曾说过的一句话："建筑是一种生活，一种看世界的方式。"首先，能谈谈你基本的建筑态度吗？

A: 是的，对我来说，建筑的确是一种看待世界的方式。首先，要知道建筑本身有着自身的发展原则（principle），其次才是如何评论它的问题。任何一个项目都有着自身的出发点和发展轨迹。作为建筑师，我是社会的一部分，而不是只对社会指手画脚的人。建筑师、艺术家和作家等人都在表达着当前社会正在发生的事情。建筑师是推进社会进步的那一部分，因为他们总是在竭力寻找更新鲜的观念。

建筑师通常可以分为两类：一类是准确地反映社会上正在发生的事情，就正如大多数艺术家、作家和建筑师所做的那样；另一类则是那些敢于创新的建筑师，如库哈斯、赫尔佐格与德梅隆等，我希望把自己也归于这个类别。这类建筑师尖锐地表达自身意见，而并非只是提出某些"常识性"的判断。在一定程度上，这部分人走在了时代的前面，探讨了极限的可能性。但这类建筑师要获得公众的理解其实并不那么容易。

C: 那如何实现你提到的这种"非一般常识"的判断呢？

A: 举个例子，在思考乌得勒支大学图书馆的设计时，我始终问自己的问题是："到底什么是图书馆？"我喜爱图书馆。读大学时，我每天至少花上三个小时待在图书馆里，希望自己能够读完里

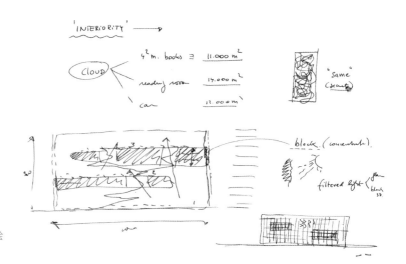

维尔·阿雷兹在访谈过程中绘制的草图

面的每一本书。书本犹如一面镜子，你在读书的时候，实际上是也阅读了你自己。同样，建筑也是这样的一面镜子。当观察某个新建筑时，作为一个局外人，你可能只会简单地赞叹："多美的建筑啊！"若是你使用它，长时间身居其中，建筑便以一种"无意识"（unconscious）的状态映射并影响你的生活。要知道，人们看待世界时，并非总是以一种"智慧、有意识、有目的"的方式进行。因此，我正在写一本书，书名便是"无意识"。

我喜欢法国导演让-吕克·戈达尔（Jean-Luc Godard）[1]的电影作品。他的电影有着奇妙的蒙太奇效果，观看时，电影会以一种"无意识"的方式影响你。他的电影，我即使看上十遍，每次都会给我不同的感受——这也是我看待建筑的方式。在我的建筑中，我希望能够每时每刻给人不同的感受——可能舒适，可能公共，也可能私密……就像图书馆这类建筑，它本是个公共建筑，但也给了你足够的私密性。这就是为什么上千人同时使用着图书馆，你仍然能够保持独立思考的原因。

C：我读过你在"Living Library"一书中的一句话，很有意思："图书馆是一类很特别的建筑，大家共聚其中，却独立地做着自己的事情。"（A library is a very specific sort of building. A building where you collectively do something individual.）这里面就有"汇聚"（collectively）和"个体"（individual）这一对矛盾关系。

A：是的，在图书馆里能够明显地体会到这一点。阅读者虽各自独立，但同时也与你邻座的人有着密切的关系。因此，我希望建筑最重要的特点是，当你处于不同的位置和使用方式中时，能够获得全然不同的体验。这也是生活的特点——每个人都有着自己不同的生活，就像你我一样。这个世界在令人惊讶地快速变化着，存在于我们心目中的世界其实并不相同。建筑也是如此，我要为每一个不同的人设计建筑。你的作品要面对的不仅是专业人士，就像你这样热爱建筑的人，去评论、思考，更需要考虑居住、工作其中的人——与专业人士不同，建筑对于他们，则是另外一种感受。

建筑内部有着多重的层次。多重维度对我的设计非常重要，我拒绝平铺直叙的楼层——建筑需要你通过自身位置的移动，获得全新的感受。因此，当你走进我的建筑时，记住，路径是很重要的——这一点有点像在看电影。

作为建筑师，我能够控制这些路径（route）。比如在乌得勒支

---

[1] 让-吕克·戈达尔 (1930–)，法国著名导演、编剧、剪辑师及影评人。

的图书馆里，有意识地将入口处理得狭小低矮，上楼梯后则立即进入了高大的空间，在竖向维度上立即获取了不同的感受，在其中行走，便对不同位置的楼梯、窗户、桥有不同感受。人坐下来时，便有着特别的位置，不同人数的聚集都形成了不同的空间。

C: 除了空间位置的区别，这样的"无意识"还体现在什么地方？

A: 实际上，当你产生各种感觉时，"无意识"就已经发生了。例如在工业产品中，气味与声音是非常重要的，比如当你打开保时捷的引擎，倾听它的声音，嗅到它的气味，那种感觉难以言表。建筑中，研究这样的感觉也同样重要，比如自然光的变化，或高或低，或明或暗。

我曾设计过一个足球场。在荷兰传统的足球场里，比赛区与观众区之间往往会有一个高达3米的挡板，将观众与球员分隔开来，因为球赛中常常发生冲突与事故。而我却反其道而行之——取消挡板，将观众与球员的距离拉到最近，两者之间只用了一道简洁低调的玻璃栏板。体育场内部大面积地采用绿色，因为绿色能够使人平静。当时，市长看到这个设计时说："你疯了！？"我说："不，体育场应当像剧场一般优雅，我们要尊重（respect）使用者，使用者也会尊重你。"5年过去，这个体育场运行良好。通过你的设计，人们能够感受到一种尊重，相应地，他们也会尊重你的设计。打个比方，有两部车，一辆很脏而另一辆非常干净。当你开车时，会更尊重和爱惜哪一辆呢？

荷兰海牙国际刑事法庭

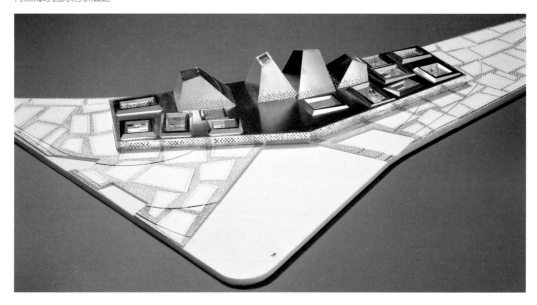

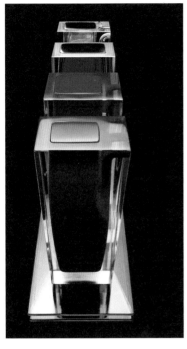
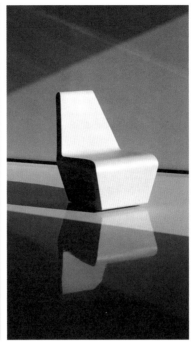

左 维尔·阿雷兹设计的咖啡器具
右 维尔·阿雷兹设计的椅子

C: 在乌得勒支大学图书馆中，建筑表面的处理应该是它最直观的特色。在你的设计中，表皮占有什么样的地位？能否谈谈你对建筑表皮的看法？

A: 我的理解是，表皮并非简单指建筑立面，它不是指覆盖建筑物的那一层有厚度的"皮肤"，而是指整个空间场景的表皮，包括覆盖地面的"表皮"。在这样的表皮当中，我们能够找到来自于社会和政治因素的恰当表达。通过表皮材料，我希望在建筑中看到社会、经济等多方面的城市性格——建筑师必须通过材料来交流。

说到表皮，我必须提到一个词——内在（interiority）。每个人都生活在"内在"之中：当待在室内时，你在建筑"之中"；当在建筑外面，你在街道"之中"；当你阅读时，你在书中；当你闭眼，你在思想"之中"……对"内在"的关注是"外观"形成的直接原因。

建筑规模很大，我不希望做个普通意义上的分层建筑，这就需要组合，于是，创造了"云"（cloud）的概念。"云"中实际上包含了不同的楼层，也包含了更多样的功能。人们容易辨识1、2、3这样的较小数字，因此，我改变了建筑的实际的"层"，而用新的三"层"关系转换、简化。外面，再用表皮包裹它们，外在体现出这些漂浮的"云"——黑色部分便是具有功能的"云"，透明部分就

是"云"之间的空间——很清晰。当你看到表皮时，实际上看到了这个"内在"。

C: 很有意思！很多人对上面印刷的植物图案很感兴趣。为什么用一张图案重复整个建筑呢？它是某一位艺术家的作品吗？

A: 实际上，这个图案具体是什么并不重要。如果我用了20张图片，人们定会讨论图片里的故事，试图去分辨它们——有点像好莱坞（的电影），但我并不喜欢好莱坞。一张图片就够了。嗯，这其实是个秘密。（笑）

C: 刚才谈到设计中的"无意识"感知，那是从个人心理出发的。那你如何看待设计中那些"非心理"因素呢，比如自然环境？关于面对自然环境的态度，曾经看到有人将你与安藤忠雄做比较，你自己是怎么看待的呢？

A: 安藤忠雄希望通过人工的方式，将自然引入城市。我希望直接从城市的复杂条件中探索设计的出发点。譬如说，城市道路对建筑设计的影响是非常明显的，并不是它在形式上多大程度地影响到建筑，而是给设计提供了更为直接的内在要求与功能组织方式。在王家卫的电影《重庆森林》中，有着大量香港的城市场景：高速公路旁的自动扶梯、不断移动着的建筑画面……场景深深地反映并且影响着电影叙事。这是一个全新的城市空间体验，对故事影响很大。

C: 似乎你对电影格外关注，也非常强调建筑之中的路径与不同位置的观看。能再具体谈谈吗？

A：建筑与电影最大的区别在于：观看电影时，你仍然是被动的；而在建筑中，你可以掌握主动权，转动视线、选择路径，就像电影中的摄影机，可以通过各种角度体验建筑空间——这就是路径的重要意义。我能够做的，便是通过各种方式，潜移默化地影响到人的感受。建筑中的路径便是摄影机移动的路径。像戈达尔的作品，你总是会在第二遍、第三遍观看时发现新的内容。我也一样，我并不需求复杂的"形式"，但我寻求丰富的"内容"（contents），使人可以不断地阅读出新的东西。

C：刚才提到了"无意识"、场地环境，甚至是电影对你设计的影响，那么，你对待设计中的业主是什么样的态度呢？

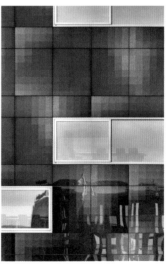

左 荷兰埃因霍温Valid大厦外观
右上 荷兰埃因霍温Valid大厦表皮细部
右下 维尔·阿雷兹在采访中的草图与签名

A: 我很重视业主的意见，也喜欢和有着独到见解的业主打交道。但这并不是说我不会超越这些意见范畴，因为他们，我常常会有意外的创造。有一次我受委托设计一个老城堡旁的小型博物馆，可原有基地上还有着花园和鸡舍，业主希望建设一个博物馆，但希望继续保留它们。很有意思，我将这些似乎完全不搭界的东西组织在一个博物馆里。在这里，你不仅可以看到如雷诺阿这样的著名画家的作品，也能够看到花草、园艺工具和鸡……人们非常惊讶（surprise），因为他们从未想过在一个博物馆中还能看见这些东西——内容的混合使人兴奋起来。

我喜欢这样的"惊讶"，这甚至也可以理解为一种风尚。我的建筑，从不会在外观的第一眼就使人惊讶，必须要亲身体验。

我也做一些工业设计（阿雷兹起身拿出一套精致的咖啡杯，并向我示意其上的标志：Wiel Arets Design）。你看这对咖啡杯。为什么会是方形的？每一个咖啡杯都是圆的。方形的杯子，可以握住杯子的棱角，而不会感受到烫手，水平的托盘可以搁一些巧克力之类的东西，因此，我可以取消杯子把手了。我喜欢在设计中体现出最细致的感受，这也是对建筑师的挑战。

C: 谢谢你接受我的访谈。最后，能谈谈你对未来的看法吗？

A: 未来，你必须思考整个世界（world）。我正在写一本书，名叫"奇妙的世界"（Wonderful World）。你看，这是一张世界地图（画草图）。2085年时，整个世界将变为"一个城市"。从北京到纽约，只需要3个小时。世界越来越小，越来越近。

过去的世界是物质的，你能够直接触摸，但现在的世界已经变得更加虚拟。打开一部电脑，可以看到任何东西，无论你在什么地方。到了2085年，机器人能够拥有更高的智能，比你我更高，也将会更具有创造性，甚至能够自我繁殖。目前，在这个世界上，大约30%的人生活在一个正规的世界中，就像你和我，但还有70%的人生活在那些并不太正规的环境里。事实上，我更加关注这70%的部分。

C: 人们常常讨论未来，有些人很乐观，但也有些观点很担心，担心技术发展带来消极的结果。

A: 总有人担心任何东西，汽车、电脑、网络、手机……都被人们担心过。这不重要，未来终究会到来的，我们拭目以待。

C: 非常感谢你接受采访！

（采访时间：2010年7月7日 9:00~10:30）

Ben van Berkel

3.4 UNStudio：理论·图解·数字
UNStudio: Theory, Diagram and Digital Design

　　UNStudio是荷兰建筑事务所中蜚声国际的另一个代表，其前身是本·范·伯克尔（Ben van Berkel）和卡罗琳·博斯（Caroline Bos）于1988年建立的Van Berkel & Bos建筑事务所。十年之后，UNStudio正式成立（名称源自"United Net"，即联合的网络）。如今，UNStudio已发展成为具有极高国际知名度的设计团队，其作品造型前卫，尤其善用流线形态表现空间，独特的建筑语言展示出强烈的未来的思维方向。2010年5月，UNStudio在上海开设了中国分部。

　　第一次拜访UNStudio是在一个冷冷清清的星期天。我随在此工作的朋友邹可（先后毕业于哈工大、TU Delft）进入事务所。邹可星期天还在为杭州来福士广场项目加班，他告诉我，星期六的晚上，他工作到凌晨一点半。我有些惊讶，这哪是欧洲建筑事务所，其工作强度直追中国设计院！

　　UNStudio位于阿姆斯特丹的一条毫不起眼的街道旁，与幼儿园相邻。事务所直接从人行道进入，连一个所谓的入口缓冲空间都没有。与其作品的创意与激情相比，这个位置显得有点刻意低调。很难想象，就是在这样一个其貌不扬的建筑里，当时正在设计着杭州来福士广场，可能是中国未来造价最高的高层酒店，也是迄今为止荷兰建筑师在中国规模最大的设计项目。进门后，穿过一条狭长的走廊，正面便是一个小小的电梯间，门旁有个小标志："UNStudio，2nd Floor"。UNStudio的前台接待便在这个"2nd

Floor"（第三层）。整个空间简单紧凑，既没有流动曲线，也没有上下贯穿，一切都传统而平常——但就在这传统而平常的空间之中，诞生着不平常的作品。当时，事务所的一层是杭州项目团队的空间，各种工作模型、草图出现在每一个角落，二、三楼是其他项目的工作空间，许多已完成项目的模型放置在室内展示，令人目不暇接。

在我心目中，优秀建筑师大致可分为两类：一类是高水准的职业建筑师，他们致力于完成高品质的建筑物，成熟地处理定位、造价、材料、构造、功能、建造等各项"建筑"问题，为业主提供全方位的专业服务；另一类是提出高水准理论的先锋型建筑师，他们将建筑学视作一种特殊的专业语言体系，通过它来表达态度，建立理论，并通过实验性、先锋性的作品将其实现。另外，还有少数建筑师同时具有了上述两类特征：在提供优质物质空间的同时，也以特别的理论语言传递着自身的专业态度，并获得了良好的市场认可——Ben van Berkel和他领导下的UNStudio便是这极少数建筑师之一。因此，在赴荷兰求学之前，我已将Ben van Berkel作为了我重点研究的建筑师之一。通过朋友的联系，顺利地约到了Ben，对他进行了约一个小时的访谈，领略了UNStudio的思想风采。

按照惯例，访谈之前的功课是对事务所成长经历的了解。正如前面提到的UNStudio在理论与实践方面达到的双重高度，这样的兴趣与路线可以用事务所的发展历程（实际上是"人"的发展历程）来解读：1982年，Ben完成了在阿姆斯特丹Reitvel学院的学习之后，与Caroline共赴伦敦继续学习——Ben在AA（Architectural Association）学习建筑，而Caroline则在伦敦大学的Birkbeck学院攻读艺术史。两人交集于"建筑设计"这一大领域，但又朝向各自不同的方向：实践与理论。Ben执着于对设计的深度探索，Caroline则擅长学术写作和艺术评论，阐释建筑创作的文化与学术意义，为实验性探索提供充沛的理论互动（她也被称为UNStudio的创新动力源和意义挖掘机）。

Caroline对设计中蕴藏的概念要求是极高的，Ben评价道："Caroline是个不同类型的建筑师，从概念与文学的角度看待我们的设计。她认为，要是我们的设计没有精确而强烈的概念，那就与那些概念糟糕的设计无异。同时，一个概念要是无法清晰地被阐述出来，便不可能强烈。"

这几乎是个完美的组合，奔放冲击（男性特质）与敏锐沉思

左 UNStudio入口通道（作者拍摄）

右 UNStudio主入口（作者拍摄）

（女性特质）相结合，使设计创意内嵌入严谨缜密的思想内核——成功便似乎自然降临。自职业生涯开始以来，这一组合就在诞生新建筑的同时，不断地推出理论成果。至今，事务所已经出版著作超过十本，且每本书中都有新理论的提出。理论不仅诠释了已有的设计，更激发了未来的道路。同时，理论也将设计的含义推向了新的高度，引来更多的评论家、研究者进行分析、解读，更促进了事务所独立个性的形成。同时，UNStudio将建筑设计置身于设计大家族中来看待。在Ben看来，建筑是艺术，但也不是艺术，这是个界限模糊的跨越。因此，UNStudio的触角不仅伸向了建筑、城市，也触及到桥梁、隧道，甚至桌椅家具。通过设计项目，UNStudio与服装设计师、平面设计师、摄影师、现代艺术家、表演艺术家等保持着密切的合作与借鉴，对建筑设计思路的拓宽起着极其重要的作用。

Ben认为，UNStudio始终保持着对建筑边界的突破力与创新性。这首先来自于对数字时代的敏感与执行。20世纪90年代开始，Ben便意识到计算机介入设计的时代已经来临，它必将革命性地改变传统设计与建造的方式，于是，对新技术与新方法的探索，便始终成为了UNStudio前进中最重要的推进力量。

在讨论到《移动的力量》一书时，Ben将自身（也是UNStudio）的设计观念概括为"开放的过程、对通用或残碎空间的兴趣以及向高度灵活和动态过程发展的趋势"。这早已突破了传统建筑学中以功能、流线、形态构成的设计体系，将宽广的视野放置在了与设计项目关联的诸多要素之上，同时利用计算机强大的处理能力将设计信息进行"形象化"，作为设计参照。

更重要的是，UNStudio能够将众多看上去几乎是离经叛道的建筑畅想、实施出来，并良好地控制住了实施效果——这是一个高度职业化的设计团队才能够达成的。众多来自世界各国的建筑师在事务所里工作，常常一个设计团队里便包含多个国家的成员，是个名副其实的国际团队。很多年轻建筑师从这里走出去，带着对设计的梦想与激情，路越走越宽。

在UNStudio众多的设计中，无论早期的较小型项目还是后期的大型项目，都能清晰地发现蕴涵其中的概念，这是事务所最为重视的核心问题，并且UNStudio善于将建筑学范畴外的概念或形式提取和转化为建筑学概念，并形成图解（diagram）。Ben说道，图解是实现这种转译的首要工具，也是建筑学与外界交流的重要渠道。建筑学外的概念必须通过这一图形的转译过程才能进入建筑学体系。

在著名的莫比乌斯住宅（1993）中，UNStudio将莫比乌斯环（Möbius Band）作为设计的核心原型概念，打破了西方住宅传统中机械的功能分区，将莫比乌斯环正反连续的面空间逻辑转换为住宅中人的起居行为的空间逻辑。在狭长的框架里，把家庭生活的各个功能分区布置在一个跨越两层的扭转动线上，这样不仅满足了业主对空间"分而不断"的独特要求，也塑造出了一个多维向度上流动、

左 荷兰莫比乌斯住宅
右 芝加哥Burnham馆

连续、无限的空间。与前文介绍过的施罗德住宅相比，两者都在寻求一种流动、不定、变化的可能性，但基于"图解"的思路，莫比乌斯住宅对"非建筑学"信息的借鉴与空间语汇转译，取得了更大程度的自由与突破。

在事务所的另外一个代表作——斯图加特梅赛德斯·奔驰博物馆（2006）里，Ben强调了另一个"非建筑"的概念获取，设计则在分析全新的展示模式后，紧紧抓住三叶草(trefoil)几何形体的基本特征，以双螺旋形（Double Helix）用两条围绕三角形中庭螺旋攀升的坡道衔接起各个空间。这不是一个形态上的特征，而是设计初始便已确定了的双流线的布展构思，即"神话·梅塞德斯"（Mythos Mercedes）和"企业收藏"（Collection）两条流线。Ben进一步阐释道："为形成全新的建筑类型，梅赛德斯·奔驰博物馆在一系列空间基本原理之间创立了一个结合点。"这座建筑的成功不仅在于外观的流动传递着汽车工业的气息，更在于概念与要求的完美结合，创造出全新的建筑类型——这也正是最顶尖的建筑师所必须达到的一种状态。

Agora剧院是另一个代表作，也是荷兰Lelystad市总体规划中的一个重要部分。从中心位置一路走来，剧院高塔就像一个巨大的惊叹号矗立在一片对角线的背景下。白天的剧院，外形展现出一种雕刻般的效果。建筑将一座19米高的方盒形舞台和两个观众厅隐藏于一张多棱的折叠金属表皮之下。深浅不同的橘红色表面强调出光线反射的效果，而立面上的窗洞口外部则又被罩上了一层薄纱般的神秘的穿孔金属板。

面对UNStudio快速的成长之路，我问了Ben一个很具体的问题，请他谈谈UNStudio与其他荷兰建筑师的不同之处，或者是UNStudio的成功之道。出乎我的意料，Ben毫不犹豫地将他的成功与他的建筑教育进行了联系。他谈到了他作为教师参与欧洲、美国各个院校的教育，来自理论的营养滋养着设计的动力，将UNStudio推向了前方。"教育与实践"，这一点倒是令我颇有所思。

UNStudio是高产的，在欧洲、北美以及快速成长的亚洲，都实现了大量的建成作品。在杭州的来福士广场也即将建成，成为荷兰建筑师在中国的另一个标杆性的作品。随着中国分部的开设，UNStudio必将在这个当代最为火热的建设热土上大展拳脚，让我们拭目以待。

（采访时间：2010年9月1日）

（注：除注明外，本小节图片均由UNStudio提供）

韩国首尔Galleria百货大楼

上 荷兰Agora剧院外观
下 荷兰Agora剧院观众
厅内景

左上 德国梅赛德斯·奔驰博物馆草图
右上 德国梅赛德斯·奔驰博物馆外观
下 德国梅赛德斯·奔驰博物馆鸟瞰

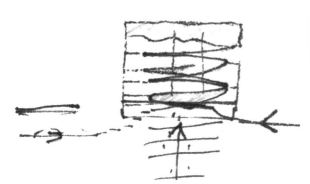

⬆ 杭州来福士广场外观效果图
⬇ 杭州来福士广场设计分析图

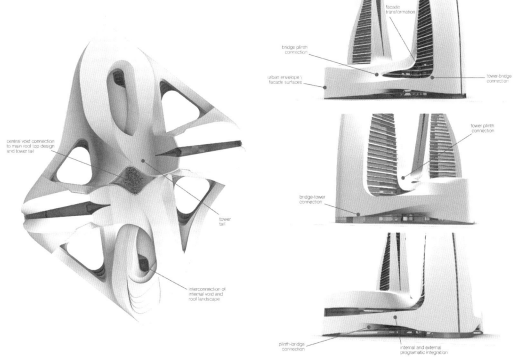

MVRDV的三位合伙人：左起
分别为Winy Maas、Jacob
van Rijs、Nathalie de Vries

3.5 MVRDV：从数据中去发现
MVRDV: Discovery from Dataspace

WoZoCo住宅、汉诺威世博会荷兰馆、"猪城"（PigCity）……
当这些图片呈现于眼前，我想，"新鲜"甚至"惊愕"是从中获取
的最直接的感受——创造这些作品的，正是荷兰著名建筑事务所
MVRDV。

MVRDV的成立时间并不算长。1991年，在一次重要的设计竞
赛中夺魁后，威尼·马斯（Winy Maas）、亚克布·凡·里斯（Jacob
van Rijs）与娜塔丽·德·弗里斯（Nathalie de Vries）在鹿特丹成立
了共同的事务所——MVRDV，并以其极富想象力的设计概念和严
谨、海量的数据研究著称于世。通过研究微观个体与宏观环境的关
系，特别是对未来城市密集度的调查，MVRDV不断地对人类生活
空间进行反思，其独到的理论研究从建筑哲学、创作思想及设计
手法等方面对传统设计观念产生了巨大冲击，有力地影响着当代
建筑的发展。

作为一个建筑事务所，实践项目显然是传达观点的最根本途
径。纵观MVRDV的众多作品，无论是否建成，都能够感受到一种特
别的气息——一种活跃、真实且充满生命张力的生活态度。他们不
仅创造出了与众不同的建筑形式，更创造出了一种批判性的、敢于
质疑但对未来仍充满乐观情绪的设计理念。MVRDV注重从现实情况
出发，找寻问题与限制所在，摆脱所谓"风格"的外套，超越了个
人"灵感"或"直觉"。他们通过探寻复杂系统中的规则和逻辑，
从中寻求设计内在的真正爆发点，使工作成果更具精确性、针对性
与说服力。

　　富裕但狭小的荷兰几乎"设计"了国土中的每一寸土地，在提供便捷舒适的现代生活条件的同时，也逐渐消除了城乡之间的原有差异。MVDRV批判性地看待这一现象，认为由此带来的城乡界限的含混，正在造成不同区域个性化特征的消失。因此，他们将"密度"作为设计思考的关键问题，主张在现有城市区域中实现密度最大化，而在郊区和乡村尽量保持低密度、低影响发展。几乎在每一个方案中都可以看见MVRDV将密度最大化原则注入其中的状态。

　　在这样的工作状态背后，"通过研究进行设计"（Design By Research）是MVRDV一贯坚持的核心观念，正如威尼·马斯曾经谈到的："我们的工作更侧重于从分析出发，然后通过研究上升到建造的层面，也就是构造新的概念、新的世界，提出一个解决方

`左上` 鹿特丹Didden公寓内院
`左下` 鹿特丹Didden公寓扩建外观
`右` 汉诺威世博会荷兰馆外观

上 汉诺威世博会荷兰馆设计构思分析
下 鹿特丹市场公寓效果图

The Design Strategy

Ecosystems

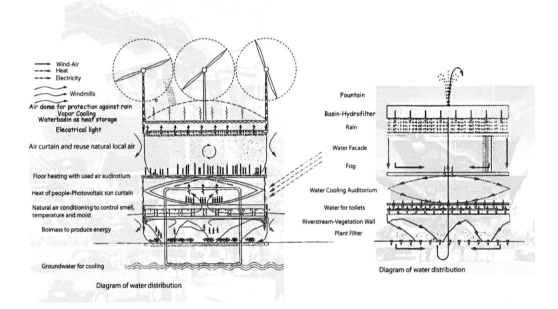

案。"在对娜塔丽·德·弗里斯的访谈之中，她也说道："从事务所成立至今，面对城市与建筑进行研究的基本观点始终未变，那是MVRDV的DNA所在。"的确，在设计中，研究的广度与深度已成为设计最终品质（价值）的关键要素，尤其是在条件苛刻、限制严格的设计项目中。MVRDV建立了一套高效和切合实际的设计生成系统，提出了新的概念和方法来回应限制。

MVRDV的作品展示出了一种"信息时代"下的"未来派"状态。这不仅仅是某种风格，而是一种在全球视野下的研究态度与方法。MVRDV的设计和推理，往往是根据严格的统计数据以及这些数据的关联性等方面推演出的独创性方法，并由此把客观事实和抽象数字转化为具象化、视觉化的场景，即所谓的"数据景观"（datascape）。① 从"Farmax"（1998）开始，MVRDV一直试图运用数据化的读取与解析原则来进行设计实践，将研究成果渗透于各种尺度和类型的实践中，探索如何在有限的条件下最大化和最优化地利用土地。

建筑作为一门与社会发展直接相关的学科，应持续地对社会变化作出快速和适当的反应，这是MVRDV的基本信念。但由于未来的不可知性，MVRDV的研究中的部分条件实则出于猜测与假想。可以说，设计过程对数据的处理绝非被动"等待"——期望从数据计算中得出设计结果，而是对设计方向进行主动的价值判断——这才是设计的核心要务。威尼·马斯在"Farmax"中的"Datascape"一文中叙述道："如果'研究'是为了'发展'，那假设就是解决它的最有效方法。想要理解这种'大量'(massiveness)的现状，我们不得不将它推向一个界限，并采用这种'极限化'(extremizing)作为一种建筑研究的方法。假想一个可能的最大化(maximization)，社会将以严密的逻辑所建立和推知的戒律和程序面对它。"

它在代尔夫特理工大学所主持的"WHY Factory"工作室，便是将对城市未来的思考与对策作为了研究的核心——即使最终的成果看上去不那么切合实际。因此，MVRDV向世界输出的，不仅仅是他们所坚持的"正确的"设计，更是一种解读世界、判定方向的一系列方法和哲学观点。从这个角度看起来，MVRDV已经不同于传统意义上的建筑师——以建造"物质上的"建筑或城市环境作为根本任务，而是通过展示一种新的建筑研究方法，实现建筑师在社会中的另一个层次的角色转变，使建筑学更加全面、渗入地介入到了社会生活中去。

① 具体而言，设计者首先把各种制约因素作为建筑组成的一部分信息，通过计算机转换处理为数据并绘制成图表，这样既取得了直观的效果，也使建筑师更容易理解并处理影响建筑最终生成的各种因素。

上 西班牙Monte Eco LOGRO城（1）
中 西班牙Monte Eco LOGRO城（2）
下 西班牙Monte Eco LOGRO城（3）

上 MVRDV事务所入口
中 MVRDV事务所工作空间
下 MVRDV事务所工作模型

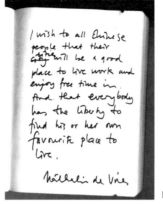

Nathalie de Vries为本书写下的一段话

在对娜塔丽·德·弗里斯（Nathalie de Vries）的访谈中，逐渐理清了MVRDV作品背后的种种线索，她的语言表达的细致与热情也深深打动了我。在谈到MVRDV的基本设计哲学时，Nathalie说道："我们关注建筑中的城市品质（Urban Quality in Architecture）。当今的城市发展异常迅速，特别是中国城市。社会是一项重大事件。我们能做的就是实现城市更加适合生活。多年来，我们发展出了很多技能来解决社会中遇到的各种问题。"

"过去的几十年，建筑与城市发生着重大的转变，从功能主义转向一个日趋混合的发展模式。因此，建筑学也必须发展出'新工具'——如何将社会与功能再次结合；如何将人、社区整合在一起。建筑应当是一个载体，它不需如何漂亮，但必须整合入这个社会。"

Nathalie也详细地介绍了MVRDV成立至今的发展轨迹，当然也不可避免地谈到了当前建筑业不景气的现实，但由于具备从小型项目到大型规划全方位参与的技术力量以及独到、前瞻的设计观念，MVRDV依然活跃在大量的设计与研究项目上。在繁忙的办公室里，我看到了未来。

与Nathalie的交谈是愉快的，虽然窗外冷雨霏霏，室内却是暖融融的。访谈结束时，我请她在我的记录本上写下一段给未来读者的话语。她想了一会儿，写下了这样一段话：

"我希望所有中国人居住的城市都是能够安居乐业的。在其中，人们可以享受自由的时光，每个人也能够自由地选择自己居住的城市。"

（采访时间：2010年9月14日。本文受在MVRDV里工作的中国朋友、重建工校友邓文华的大力协助。另外，本文中部分论点也受到张为平先生相关论文的启发与提示，在此深表感谢！）

Kees Kaan

3.6 凯斯·卡恩：坚守现代的绅士
Kees Kaan: a Gentleman Develops the Modernism

　　Kees Kaan教授（以下称为Kaan）是我在代尔夫特理工大学的导师，也是一名卓有成就的荷兰建筑师。申请Kaan作为我在荷兰的导师，源于我对他的建筑思想的共鸣与尊重。出发之前，通过网络与杂志，我了解了Kaan关于建筑的鲜明见解。他领导着Clausen Kaan建筑事务所（鹿特丹公司），同时也主持着建筑学院的Materialsation工作室，研究建筑从概念到修建的全过程。Kaan高度强调建筑建成的意义。Kaan曾这样表述他的观点："建筑师可以在概念世界（建筑师）与建造世界（建造者、业主）之间的鲜明对比中找寻到无尽的灵感。"① "我们为了建造而设计。图纸、模型、概念——无论它们有多美丽——也仅仅是工具而已。无法回避的实践才是我们的宣言。"② 这样的观点，正对我的胃口。于是，我给Kaan发去了申请的邮件。

　　经过长达半年的准备，我启程赴荷兰。在启程之前，达到后10天的计划几乎都被预约好了，报道、体检、身份证、校园卡……第三天中午11点，是 Kaan与我预约的见面时间。

　　10点55分，我准时到达建筑学院的建筑系办公室，在会客区等待。11点，Kaan准时从走廊进来，由于以前在杂志和网站上看过他的照片，我一眼认出了他。Kaan衣着讲究，有点绅士的味道。寒暄过后，Kaan用流利的英语介绍了他正在负责的课题和教学情况，对我在学校的工作也做了安排，并欢迎我在他鹿特丹的事务所工作，这正是我希望的一种学习方式，也是我选择Kaan这样的实践型建筑

① Architects can draw unlimited inspiration from the fascinating contrast between the world of concepts (architect) and the world of construction (contractor, client).
② We design to build. Drawings, models, concepts—however beautiful they may be—are merely instruments. Their ineluctable physical experience is our manifesto.

师的目的。我介绍了一下来荷兰的目的以及将要开展的一些具体工作，并把《开始设计》一书送给他。Kaan颇有兴趣地翻阅书中的内容，虽然只能看懂图片和零星的英语单词，但还不断地对书中的内容提出些问题。半个多小时后，Kaan带我去Studio见其他老师，由此结识了Henri、Rob等几个以后常见面的荷兰好友。

处理完stuido的事情，Kaan邀我去鹿特丹的事务所，从代尔夫特开车到事务所楼下，也不到30分钟，让我第一次对荷兰的高密度城市群模式有了直观的感受。要知道，若是在北京，这个时间可能从海淀还没开到朝阳。Claus en Kaan事务所有两部分，分别位于鹿特丹和阿姆斯特丹，Kaan平时主要工作在鹿特丹。就这样，我在荷兰参与教学与实践的两栖生活正式开始了。

Claus en Kaan事务所在荷兰是一流的事务所，建筑作品的品质很高，其建筑风格以现代、简洁为特点，非常强调建筑材料与构造的意义。在学院，我数次听到他关于"Critical Detail"的演讲。在TU Delft，Materialization工作室在他的主持下，坚定地在从概念到实现的建筑道路上进行研究。Kees Kaan创作了许多优秀的现代主义建筑作品，其中包括荷兰法律研究院、荷兰驻莫桑比克大使馆等，

Materialsation工作室宣传册封面

左上 荷兰驻莫桑比克大使馆首层平面图
右上 荷兰驻莫桑比克大使馆室内
左下 荷兰驻莫桑比克大使馆立面夜景
右下 Claus en Kaan事务所（鹿特丹）模型制作间，优美的风景使这里成为我喜欢待的地方

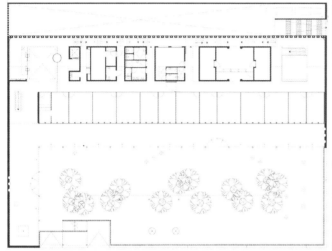

并在巴塞罗那、柏林、马德里、巴黎、维也纳、东京等地发表学术演讲。Kees Kaan强调建筑品质置身于普通场景的意义。

　　Kees Kaan不止一次地用衣着作为比喻，讲述他的建筑观念：他心目中的建筑犹如一件裁剪得体、用料讲究的衣服，这样的衣服能够给你的全天生活提供服务，而有些建筑犹如参加party才会用到的晚礼服，光鲜夺目，却只能在那样的场合穿着而不是日常服饰。一个建筑好不好，可以用"成功"（success）来形容，只有将建

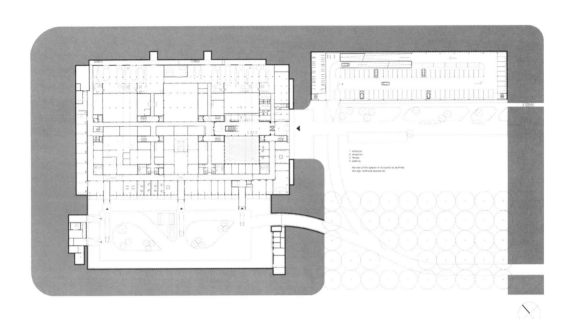

上 荷兰法庭研究院（NFI）首层平面图
下 荷兰法庭研究院（NFI）立面

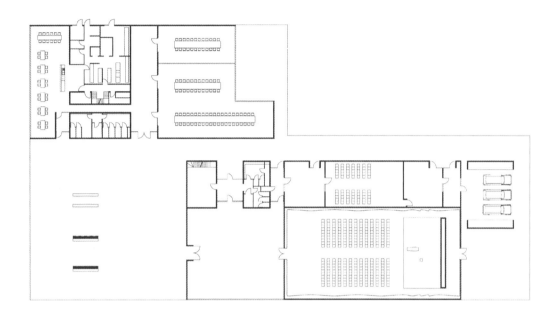

上 比利时Sint-Niklaas Heimolen墓园平面图
左下 比利时Sint-Niklaas Heimolen墓园外观（1）
右下 比利时Sint-Niklaas Heimolen墓园外观（2）

① 汉斯·伊贝林斯编. 克劳斯和卡恩建筑事务所作品集. 大连：大连理工大学出版社，2004.

筑放置于社会场景之中去，用宏观的效用来检验它是否有很好的性能，满足了使用者的需求，才可能被称为"成功"，否则只能是建筑师一厢情愿的"情绪创造"。因此，2010年，Claus en Kaan事务所出版了《理想的标准》（Ideal Standard）一书，宣告着Kees Kaan与整个事务所坚持的专业目标——崇尚建筑设计的本源意义，风格简约，以高超的品质控制能力使混凝土、玻璃、木材等普通材料散发出独特魅力。

这其实不是一条在荷兰的"典型性"建筑道路。一般认为，关于材料、构造、细节，其他如瑞士、德国、丹麦这样的国家似乎做得更好，而Kees Kaan以绅士般的态度将自身的建筑学愿景应用于实践，以一丝不苟的精神去建构那些节点与细节，令人叹服。

相对OMA、MVRDV等事务所，Kees Kaan面对建筑的态度是务实的，并非是一个革新者，因为他相信，深藏于建筑之中的，必然有些传统传承下来的精神性，材料的微妙组合，建立起了物质与观者的对话渠道。正如荷兰建筑评论家汉斯·伊贝林斯（Hans Ibelings）在Claus en Kaan事务所作品集中所陈述的："在他的建筑中，差异一般是明显存在的，即使乍一看时它总会被简单的外部形式所掩盖。工作的复杂性不是在对比的相互冲突中体现的，而是通过两种或多种排斥的形象或事实之间顺利的结合而显现的。""Kees的建筑中，形式既不是功能的产物，也不是功能的代表。""他相信建筑必须直接见证文化、社会和经济的变化。""最终，Kees接受了荷兰的环境以及其包含的所有约束。毕竟，跟随时代潮流更容易操纵自己。从这个意义上，Kees是实用主义者，但是个激情的实用主义者。他的热情从他接触专业时的乐观主义中反映出来。"①

Kees Kaan重视建筑的本质，更重视面对建筑的态度。他曾说："建筑艺术的意念是乏味的。""在荷兰，同化的社会对优秀人才的创新能力不利。……所有这些都以我们接受环境为起点，即我们的'存在'。我们抛开了把建筑艺术看作是概念，并且只是简单地着手建设这样的想法。"

"成为一名建筑师并不在于建筑，而在于态度。"Kaan这样反复地强调。

（注：本小节图片均由Kees Kaan提供）

Michiel Riedijk在接受采访中

3.7 米歇尔·雷代克/ Neutelings Riedijk事务所：严肃的浪漫者
Michiel Riedijk/ Neutelings Riedijk Architects: the Modernistic Romanticism

努特林斯·雷代克建筑师事务所的合伙人是威勒姆·杨·努特林斯（Willem Jan Neutelings）与米歇尔·雷代克（Michiel Riedijk）（两人从1992年开始合作）。事务所多年来形成了个性鲜明的设计特征——富有创造性的设计观念、清晰有力的建筑造型以及高品质的建造水准使它跻身一流建筑师事务所的行列。事务所包括30名建筑师，设计作品遍布欧洲及亚洲部分城市，除荷兰外，还有巴黎、威尼斯、波尔图、纽约、安特卫普、北京、布拉格等。

几年前，在某期《a+u》杂志的封面上①，赫然出现了一个让我印象深刻的画面：淡淡的紫蓝色晨曦下，一个巨大的建筑浮在水面之上。那期的专辑名为"housing currents"。我记住了这个被称为"斯芬克斯住宅"（Sphinx Housing）的荷兰房子，因为它的确像极了斯芬克斯——狮身人面像的气势，只是匍匐的地点不在沙漠而在水边。

后来，在离阿姆斯特丹不远的小城希尔弗瑟姆，我看到了久闻大名的"荷兰声像研究所"，并为那强烈的空间构成与独具匠心的材料而着迷。查找建筑师的资料后，有些意外和惊喜，原来这个建筑与几年前看到的那个"斯芬克斯"出自同一家事务所——位于荷兰鹿特丹的努特林斯·雷代克建筑师事务所。于是，源于先后两个建筑的出其不意的吸引，使我走进这个事务所，了解建筑师置于设计

---
① a+u. 2006, 429: 44–47. / 'Neutelings Riedijk Architecten'.

背后的故事。

事务所位于一栋其貌不扬的旧办公楼7层，紧邻鹿特丹中心火车站。办公楼的一层是一排临街商店，没有气派的大堂与醒目的引导，以至于我竟然错过大门两次，仔细查找门牌号才发现入口所在。

合伙人之一Michiel Riedijk是我这次访谈的对象，他同时也是代尔夫特理工大学的教授。这样的双重身份并不少见，但将两个身份同时完成得如此成功的却并不普遍——它不仅需要对实际项目的高超的把控能力，更需要将实践中的所思所得转译为自身的设计观念与哲学，将其传授出来。于是，我们的话题就从雷代克面对建筑的观念开始。

也许是因为教师的身份，Riedijk谈起自己（也包括事务所）的设计观念时条理清晰，态度鲜明。同时，身为职业建筑师，他也非常善于利用手上的表达——草图。整个谈话过程中，雷代克不断地在纸上快速勾画。语言、图示，用建筑师最擅长的两种方式进行交流。

首先谈及的是建筑师面对设计的态度，其中有一个重要的关键词，就是"定位"（position）。"定位"一词指代的意义很广，包含了建筑师定位、项目定位、面对社会的定位。只有在设计之初确定好各项思考要素与自身的位置，才有可能顺利地展开设计并发现设计中的突破口。在谈到这个话题时，Riedijk强调设计之初发现问题线索的

左 比利时安特卫普MAS博物馆二层平面图

右 比利时安特卫普MAS博物馆剖面图

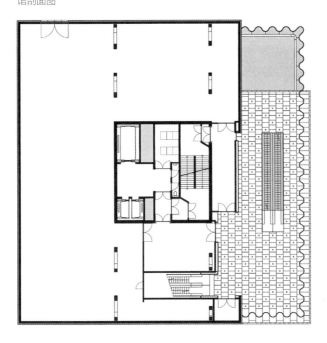

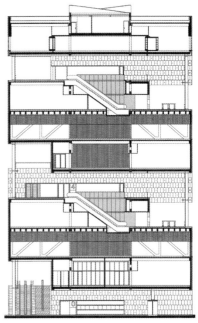

重要性——清空头脑中的想法，形式绝不是设计首要思考的问题。

　　Riedijk以事务所的新作品——比利时安特卫普的"Aan de Stroom博物馆"为例，进一步阐释了这个观念，令人印象深刻。在安特卫普，已有的几个重要建筑标志物分别是教堂、警察局和银行，分别代表了"宗教"、"管理"与"金融"，惟独还缺乏一个"市民"的制高点。在这个博物馆设计里，这一点便成为了设计最重要的出发点，并在设计中贯彻始终，最终形成了一个从下至上的公共路径。展示空间与公共空间交替重叠，将上下连接的交通路线隐藏在不透明墙体背后，并最大限度地打开了角部空间，巧妙地将结构隐去，使建筑获得了极大的开放性。

　　再进一步讲，这个建筑最有特色的，也是最显现的，有四个地方：流线、虚实、结构与材料，而这四点的得出，全与项目最初的定位紧密相关。显然，这样的思路，不仅仅来源于对场地及其周边的空间分析，还来自于对项目性质的判定，即找寻设计定位的问题。据介绍，该博物馆已经竣工，正在进行室内展示布置，2011年正式对外开放。

比利时安特卫普MAS博物馆外观（1）

　　接着，Riedijk进一步强调自己对建筑的认识，提出了建筑设计（不是"建筑"）的三个要素：知识（knowledge）、技能（skills）与情感（evocation），同时，这也是他所认为的建筑师素质的三个主要组成部分。这三个方面，实际上，在建筑师的成长过程中，处于循环上升的过程。

　　Riedijk还提到一个词：英雄的现实主义（Heroic Realism），用这个词来描述自己的实践状态。设计中常常遇到矛盾与冲突。

　　通过详细的讲述与草图，Riedijk的设计思想基本已经勾勒成型，对城市问题、对设计中的蛛丝马迹的发掘，给我留下了很深刻的印象。但我还想多了解点其他方面的看法，于是问道："那你对当今的计算机数字化设计的看法呢？"这是我通常都会询问到的一个问题，因为这是当前建筑设计面临的最大变化。有点出乎意料，他的态度十分鲜明，反对单纯追求软件生成建筑的方法。"设计应该是由人来控制的，怎么能交给软件？"

　　他的整个讲述建筑设计观念的过程，也是结合设计案例解释的过程。除了深入地解释了"斯芬克斯住宅"与"声像研究所"两个设计之外，Riedijk还重点介绍了多个设计项目，原定一个半小时的访谈，不知不觉已持续了两个多小时。紧接着，Riedijk带我在事务所参观，讲述正在进行的项目。尤其是当他介绍到新设计"奶酪工厂"（a cheese factory）：牛奶从顶层向下，通过层层工艺流程，奶酪便从底层制造出来。真是有趣而神秘的过程！脑海里突然闪过那部印象深刻的电影《巧克力工厂》。设计，是需要些天真的。

另外一个有形收获是我获赠的几本书。在其中最重要的一本——事务所作品集"at work"上，Riedijk写下了签名："鹿特丹，2010年6月23日，给褚冬竹，米歇尔·雷代克"，并颇有兴趣地"描画"了我的中文名。笔画顺序是完全自由发挥的，但也似乎契合了中文来自象形文字的渊源。我开玩笑讲，你写出了"古汉语"的味道。大家开怀一笑。

（采访时间：2010年6月23日）

比利时安特卫普MAS博物馆外观（2）

上 Michiel Riedijk为笔者赠书《At Work》并签名
中 Michiel Riedijk在采访过程中的草图
左下 Michiel Riedijk为笔者介绍事务所项目
右下 事务所设计项目工作模型

上 荷兰Huizen "斯芬克斯" 公寓剖面图
中 荷兰Huizen "斯芬克斯" 公寓平面图
下 荷兰Huizen "斯芬克斯" 公寓外观

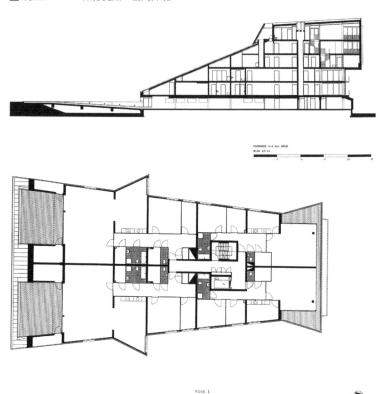

Francine Houben

3.8 弗朗辛·胡本/ Mecanoo事务所：向自然索要灵感
Francine Houben / Mecanoo Architects: Design from Nature

1984年，弗朗辛·胡本毕业于代尔夫特理工大学，同年，与其他同学一道赢得了鹿特丹市中心的一个集合住宅竞赛，随即在代尔夫特创办了梅卡诺建筑事务所（Mecanoo Architecten）。今天，胡本已成为荷兰最活跃的建筑师之一，不仅领导着Mecanoo这个拥有90余名员工的大型建筑事务所，同时也在建筑教育、展览、理论等多方面颇有建树。她常在各地演讲，并担任设计竞赛评委。自1984年以来，Mecanoo完成了多种多样的设计项目。早期的设计工作主要是城市改造与社会住宅，随着时间的推移，Mecanoo的设计项目趋于复杂，包括综合体、办公楼、图书馆、剧场、酒店、教堂以及城市设计与景观设计等丰富的类型。Mecanoo的重要项目包括：代尔夫特理工大学图书馆、阿纳姆国家遗产博物馆、La Llotja剧院及会议中心（西班牙）、科多巴法院（西班牙）、伯明翰公共图书馆（英国）以及即将建造的卫武营艺术文化中心（中国台湾高雄）等。20余年来，弗朗辛·胡本获得过很多国际重要的建筑奖项，包括英国皇家建筑师学会荣誉院士称号等。同时，弗朗辛·胡本也是2003年首届"鹿特丹国际建筑双年展"的策展人，并在代尔夫特理工大学、哈佛大学等多所大学任教。

与OMA、MVRDV、UNStudio等在中国极富盛名的建筑事务所相比，Mecanoo的名字也许稍有陌生。对于我，知道她的作品（代尔夫特理工人学图书馆）的时间甚至远早于知道其事务所名称，而知道Mecanoo之后，也经过很长时间才知道，这个在荷兰大名鼎鼎的事务所竟然就在我所工作与生活的小城代尔夫特。

知晓代尔夫特理工大学图书馆，还是在几年前的国内某建筑杂志上。当我到荷兰以后，真正走到它身旁，依然被它的独特形态与舒适的空间效果所折服，而更进一步关注到Mecanoo，还由于另一件有些"八卦"的事件。在一篇关于荷兰建筑的文章中提到，库哈斯组织的一次研讨会上，众多荷兰著名建筑师云集代尔夫特，而身居代尔夫特的弗朗辛·胡本却拒绝参加，原因竟然是认为库哈斯没有资格批评她。

2003年，弗朗辛·胡本作为策展人，策划了第一届鹿特丹国际双年展"移动性：窗外有风景"（Mobility: a room with view）。早在几年前，胡本便开始关注移动对视觉形象的影响。1999年，胡本应荷兰交通部之邀演讲，题目是"移动的美学"，而在2000年受聘于代尔夫特理工大学之后，"移动的美学"也是她讲授的重点。

这就是弗朗辛·胡本，一个思考敏锐、特立独行的荷兰女建筑师，著名建筑事务所Mecanoo的领导者。在前不久的台湾高雄"卫武营艺术文化中心"设计竞赛中，Mecanoo更是一路过关斩将，击败英国的扎哈·哈迪德（Zaha Hadid）、中国台湾的姚仁喜、日本的竹山圣等著名建筑师，在41位建筑师之中最终胜出。了解到Mecanoo这些成绩之后，对这个近在咫尺的事务所萌生了更浓厚的兴趣。于是，我给胡本发去了邮件。

Mecanoo位于代尔夫特老城的一条运河旁。老城中心都是些历史悠长的建筑物，Mecanoo所在的建筑建于1750年，由意大利建筑师Bollina设计。推开高大的木门，展现在眼前的是长长的通道与精细的装饰。这座房子曾在1886年被天主教会收购，用于慈善事务，1970年起用作老人医院。1984年，全新的设计团队Mecanoo租下了这里。事务所建筑风格精细雅致，深藏于老城之中而不露痕迹。初看起来，这似乎与Mecanoo的多样甚至有些张扬的设计风格颇有反差，但细细品读，建筑中的细节与空间，又正像Mecanoo众多作品一样，视觉感受之下具有某种特别的气质。

事实上，感受Mecanoo的细致更早于我走进这栋建筑，从联系他们就开始了。得知我希望访谈弗朗辛·胡本，虽同在代尔夫特，Mecanoo依然一丝不苟地给我寄来厚厚一叠相关资料。资料归类清晰，分别用一个精致的小书夹整理，书夹上印有一个事务所的LOGO——展开双臂做跳水状的小人。

真是不太寻常的标志。这似乎不太像一个建筑事务所的标志，而更像一个体育运动品牌。我有些好奇。于是，在见到弗朗辛·胡本后，我的提问就从这个小标志开始。胡本告诉我，"Mecanoo"这一名字来自于"快乐、愉悦"，而这个小人也表达着这样的快乐状态。的确，把设计作为快乐，这可能是很多热爱这个专业的人的初衷，但要真正在职业生涯中不断找寻到快乐，这样的人就少了许多，把代表着快乐的人物形象作为建筑事务所标志的，就更是凤毛麟角了。一开始，我便领略到了胡本的同时也是整个Mecanoo面对建筑的态度。

我们的对话主要集中在Mecanoo的设计策略的发展上。在20世纪90年代，Mecanoo逐渐从社会住宅等项目发展到复杂性的公共建筑。同时，事务所的设计哲学也在这一时期愈发清晰，正如在胡本介绍自己的一本书中的标题，三个词揭示了她看待设计的基本态度——"构成、对比、复杂"①。

① Francine Houben/ Mecanoo Architecten, Compositie/Contrast/ Complexiteit, NAi Uitgevers, 2001.

上 Mecanoo事务所书夹
下 Mecanoo事务所工作场所

① Architecture must appeal to all the senses and is never a purely intellectual, conceptual or visual game alone. Architecture is about combining all of the individual elements in a single concept. What counts in the last resort is the arrangement of form and emotion.

胡本强调感官在介入设计时的重要作用。她说："建筑需要调动所有的感官，它从来不是那些纯粹的知识、概念上或视觉上的游戏。建筑需要将所有的个人要素组织在一起，形成一个独立完整的概念。对形态与情感的组织则是设计的最终手段。"① 对感官的尊重，不仅在于建筑的形态与空间，也在于材料的创造性运用。Mecanoo强调大量广泛的材料之间的微妙组合。材料以不同形式呈现在建筑各个部分当中，共同构成了建筑的丰富表情。

上 英国伯明翰图书馆剖透视
下 西班牙La Llotja de Lleida 剧场

在谈到当前Mecanoo的设计哲学时，胡本逐一解释了她的"十点主张"（10 statements），包括：

1．土地作为一种昂贵的商品（land as an expensive commodity）

2．对大自然的爱（love of nature）

3．对可持续性的集体责任（collective responsibility for sustainability）

4．城市规划的价值（wealth of urban planning）

5．作为挑战的合作（cooperation as challenge）

6．导演和编剧（director and script writer）

7．写作和语言（handwriting and language）

8．空间的组成（composition of empty space）

9．分析和直觉（analysis and intuition）

10．形式与情感安置（arrangement of form and emotion）

在Mecanoo的这"十点主张"当中，有两点需特别地阐述一下——"自然"与"可持续性"。

对自然的关注，源自对荷兰自身地理环境的理解。荷兰的自然不是静态的，令人捉摸不定。自然景象都在不断变化，其中充满着矛盾关系：秩序与混乱、浮地与湖泊、运河与湿地、堤防和河滩、潮湿和干燥……如今的建造工程技术几乎可以使人类在任何一个地方进行建设，而土地也可能被人类的建造所摧毁。胡本认为，大自然有着不可替代的价值和美感。自然界的种种要素，包括材料和纹理、水、天空、树木、草、岩石，都成为了设计中必须关照的对象。这一点也体现在很多Mecanoo的作品之中，使自然材料与人工材料作为对比而存在。对比并非显示人对自然的驾驭，更反映了对自然的尊重。

对"可持续性"的关注可谓Mecanoo的基本设计原则。荷兰是一个对"水"管理有着重大责任的国家，有着严格的规范与条例，可以说，若不谨慎对待"水"的利用与防范，国土将受到严重威胁。由"水"而引发，直至面对整个自然与未来，胡本更将关注建筑的可持续性定义为一种社会责任，而这样的观念几乎从事务所成立之初就开始了。Mecanoo理解的"可持续发展"建筑的范畴，超出了具体的"技术措施"的运用，而强调将建筑集成于城市环境中，建筑师首先要仔细解读建筑物所存在的环境。可持续性是通过恒久的时间、清晰的可识别性、丰富的形态和物化的空间来实现的。胡本认为，建筑也必须激发出使用者的社会与生态责任感。

访谈后，随胡本走下楼去，在设计室里参观。由于当前事务所正在紧张地进行"卫武营艺术文化中心"的技术性深化设计，房间内充满着模型、图纸与紧张工作的人们。建筑将建设在台湾，一种不由自主的亲切感促使我详细地询问了这个设计。这个建筑虽然不是坐落于荷兰本土，却是Mecanoo在远离欧洲的海外的一个里程碑。将作品置于不同的文化背景下品读，更能辨识出设计者的用心。当然，我也希望看到这样一个荷兰建筑师团队是怎样在强手如林的竞争中赢得这一重大项目的。

卫武营艺术文化中心坐落在被誉为高雄"绿肺"的城市公园的东北角，不仅是南台湾第一个艺术表演场所，也是政府近20年在文化艺术方面最大的一笔投资（也是迄今为止荷兰建筑师在台湾获得的最高额项目）。该中心将成为亚洲最大的一座艺术文化中心。因此，某种意义上，它也标志着高雄从港口城市向现代文化大都市的转变。

设计中，Mecanoo鲜明地提出了"有机设计"（Organic Design）的观念。设计灵感来自于胡本在竞赛之初，踏勘现场时见到的基地内大量的老榕树。榕树宽阔的树冠与低垂的气根形成了大小不一的"孔洞"——这给胡本留下了深刻的印象。这样的自然形态又与当地的热带气候相适应，建筑物的巨大悬浮体量与多孔隙的特征以及其内部的虚实空间，正好呼应着榕树群的样貌。大型屋顶能遮挡更多的阳光，同时，市民也可以在这里休闲活动。屋顶弧形座位的原型来自古希腊露天剧场。

胡本认为，有机可视为对生物体的仿真，唯有重新学习生物体与大自然的关系，才可找到可持续发展的道路。当然，简单的形象模仿并非建筑设计的本质。在这个设计中，建筑师表达的并非"物质上的有机"（Physical Organism），而是"暗喻的有机"（Metaphorical Organism）。前者可通过当今各项技术措施实现，而后者则必须通过建筑的形式表达出有机设计的态度。

设计将建筑模拟为一个存在于自然中的生命体，除了用榕树作为思维起点，也利用了各式的隐喻，共同烘托出一个有机形式的故事：音乐厅中，表演者与观众席的空间关系，暗喻着葡萄园（Vineyard）；音乐厅的内部则含蓄地表示着火山的状态；建筑物内部不同标高之间的流线采用坡道的方式，结合形似山丘之高低起

左上 台湾高雄卫武营艺术文化中心概念构思图
右上 台湾高雄卫武营艺术文化中心总平面图
中 台湾高雄卫武营艺术文化中心外观效果图
下 台湾高雄卫武营艺术文化中心夜景效果图

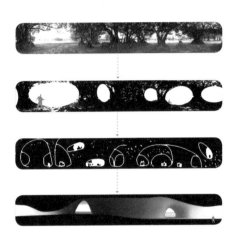

伏的屋顶，进一步强调建筑是自然场景的一部分……当然，对自然的借喻或许是建筑师获得项目认可的一种方式，尤其是在中国文化的背景下，观者往往会对有形的建筑进行联想，使建筑造型与自然物体或是生物姿态发生联系，以获得更多的亲切感和认同感。

　　Mecanoo提出的暗喻似乎真地感动了许多人，甚至有人觉得她的胜出也与这样美妙的故事有关。谈到这里，我不禁联想到近些年来外国建筑师在中国大江南北的建筑作品，多数都有一个代表性的"比喻"。反观这样的情形在荷兰建筑师本土的作品之上，倒很少出现过。

　　我没有正面追问关于"榕树"的构想是为了取悦评委，还是实

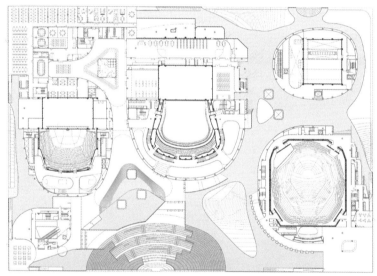

上 台湾高雄卫武营艺术文化
中心二层平面图
下 台湾高雄卫武营艺术文化
中心公共空间效果图

实在在的创意。紧接着在胡本介绍到的西班牙"La Llotja剧场与会议中心"（2004-2005）中，我倒是看出了两者间的微妙关系。

La Llotja和卫武营艺术文化中心在形式上有些类似：巨大的量体悬浮于空中与多孔隙的特征，巨大的开口使建筑与城市联系紧密，室内也使用坡道进行联系。两者的最大区别可能就是前者更加硬朗，采用了石材作为表面，而后者则更加轻柔圆滑。但在La Llotja里，建筑师并没有赋予它更多的比喻与情感抒发，而是更多地强调色彩、材料、地方气候。再看Mecanoo更早期的代表作代尔夫特理工大学图书馆，可以发现，这三个作品在形式上都指向一个更深层的隐喻——建筑是自然不可分割的一部分。讨论到这里，这个艺术文化中心的设计灵感是否真地源于榕树，似乎已不再重要了。设计者面对自然，首先进行对自然的诠释（Interpret the Nature），然后通过建筑的实践，进行对此诠释的再现（Represent the Interpretation）。整个过程中，对于空间的实质建构（Physical Construction）与心灵建构（Mental Construction）也同时达成。

也许，这也是建筑师在面对不同的公众文化背景时采用的一个智慧的技巧吧。当然，这也体现出了胡本对于建筑形式的敏锐洞察力，能够察觉业主、媒体与公众的不同需要，巧妙地将这些隐含的故事在设计中进行联结，形成一个打动人心的故事——这不能不说是我在与胡本交流时最显著的一个体会。当然，编写故事绝非是设计的全部，没有扎实的功能品质也必然无法经受更严苛的检验。竞赛后，评审主席汉宝德[1]曾分析Mecanoo获胜的原因："这个案子初看上去是一个大方块，勉强安置在有机的公园规划中，有凿枘不合之感。可是仔细看她的设计，发现她很专业地处理了三个主要的剧场及它们的服务与观众动线。看它的模型，原来在平面上的长方形，在3D上是三座不同高度屋顶的连接，形成富于变化的软质空间，比哈迪德的案子还要有当代感。"[2]

从一楼的设计室回到楼上，一张光盘已经放在了我的记录本上，上面还有一封信件，收信人是我。打开一看，光盘内是我先前提出的几个Mecanoo的项目资料，一切井井有条，正规而有效率，心中不禁赞叹。最后，我请胡本为本书未来的读者写下点东西。她想了想，写了一句话："建筑应触及到所有的感知。"[3]话虽不多，却似乎暗合了Mecanoo多年来的设计精神与成功的动力。

（采访时间：2010年7月8日）

（注：本小节图片均由Mecanoo提供）

Francine Houben为本书的签字

① 台湾著名建筑、文化评论学者。
② 林朝号等. 艺起南方：卫武营艺术文化中心筹建实录. 卫武营艺术文化中心筹备处。
③ Architecture should touch all the senses.

Marlies Rohmer

3.9 玛丽丝·罗默：从艺术到社会
Marlies Rohmer: from Art to Society

　　玛丽丝·罗默建筑事务所（Architectural Office Marlies Rohmer）成立于1986年，位于阿姆斯特丹，目前有员工20余人，完成的设计项目类型多样，包括了城市更新改造、城市设计、住宅、学校、公共建筑、医疗建筑以及水上住宅、室内设计等。事务所设计风格鲜明，设计程序清晰，重视从研究出发的设计模式，关注社会与文化现象，设计质量高且与城市关系融洽、紧密。

　　玛丽丝·罗默（1957）毕业于代尔夫特理工大学。1999年起，她从事关于年轻人文化与建筑、城市空间的关系的研究，并出版著作《为下一代设计》（Bouwen voor de Next Generation，荷兰NAi出版，2007）。事务所获得过多项奖励，包括荷兰学校设计奖（2002，2008）、国际学校建筑奖（2003）、金质金字塔奖（2009）等。2008年，阿姆斯特丹艺术基金会（Amsterdam Fund for the Arts）授予玛丽丝·罗默阿姆斯特丹艺术奖（the Amsterdam prize for the Arts），表彰其在文化、艺术等多重领域的贡献。玛丽丝·罗默还曾担任过阿姆斯特丹市容监察委员达五年，并在多所大学任教。

　　走进乌得勒支大学校园，除了参观大师级的库哈斯、阿雷兹等人的作品之外，一栋学生公寓也吸引了我的视线。在图书馆、主楼、讲堂几个灰色系的建筑当中，它鲜艳斑斓的色彩别具一格。高耸简洁的体量占据着校园中心的最佳位置，果绿色基座架空退后，形成高大的入口区，意想不到的是，入口处居然还悬挂着一个有趣

的长椅……色彩、空间、长椅，要素不多，却一下子将建筑从环境
四周推了出来，优雅而自信。

这栋公寓，便是荷兰女建筑师玛丽丝·罗默的作品。设计巧妙地
将1500多个窗户隐藏在欢快的色彩当中，将一栋原本可能平淡无趣
的宿舍楼点化为蜕变后的彩蝶，设计之中的智慧实在令人钦佩。再翻
看罗默的其他作品，学校、住宅、文化中心……都有一种特别的气
质。初看时，每个建筑风格差异很大，但细细品读，仍能察觉出蕴藏
于不同设计中的一致性。在建筑那考究的细节中，可以读到女性建筑
师独有的细腻与情感表达。但细节之外，应该还有些别的故事吧？

初夏一天的下午，如约前往玛丽丝·罗默建筑事务所。这是阿姆
斯特丹中心以东的一片港口改造区，在滨水的岸边有四栋独立的建
筑，专供创意产业办公使用。进入事务所，秘书带领我进入会议室
稍加等待，只见桌上放着一台笔记本电脑，电脑前规矩地放着一张
纸，凑近一看，纸上打印着我先前发过来的预约邮件。

玛丽丝·罗默首先结合一个演示文稿介绍了近期作品。这个文
稿是她一周前在意大利的一次讲座的内容。从一开始，罗默的介绍
便有些出乎我的意料。在她的作品里，最多提及的关键词，不是最
初吸引我的"细节"与"材料"，而是反复出现的"城市"、"环
境"、"社会"、"参与"等词汇。她说，她非常关注建筑在社会
背景下的解读，并称建筑的社会联系给建筑"带来了最大的美"。

"你的设计有一种很特别的感觉。你是如何从起点开始到最终
一直把握这样的高品质的呢？"我问道。玛丽丝·罗默答道："在建
筑中，'最终'（ultimate）是一个相对的概念。在我看来，'最
终'意味着一种持续的追求，一次你尚不清楚目的地的旅程。从起
点开始，一切都在最后到位。这就像烹饪一样，食物在原始状态时
几乎是不可食用的，但通过合理的方式组织、变化，最终会产生出
美味佳肴。这时，单独某一种食材的味道不再清晰，但它们被组织
在了一起，形成的价值远远超出了各种食材的单独累加。我想，建
筑师的价值也在于这一点，将众多单一孤立的要素重新组织起来，
成为更加具有价值的新成果——这也是品质的前提。"

这是一个聪明的比喻，但似乎还不够具体。我继续问道："各
项要素中，哪些更加关键呢？"

"环境是最关键的。我乐于面对复杂的环境关系，环境文脉信
息越多，对设计就越有价值。我曾经做过一个演讲，题目叫'少就
是少，多即是多'（Less is Less, More is More）。当然这个提法

来自于密斯·凡·德·罗的那句名言：'少即是多'。在传递环境要素的过程中，单纯地追求简化并不是明智的做法，它并不能给出理想的答案。今天的社会与建筑都存在着多方面的复杂性。"

"在每个项目里，我们都有自己的解析问题的方法，既强调直观性，也强调关联性。我们关注很多方面的问题，如青年文化群体、新的教育实践、多元文化社会等。在设计中，我希望整合更多的要素，再整理、转化进建筑设计当中。可以说，复杂性是我们所一贯追求的——但这并不意味着建筑本身变得杂乱。"

"建筑中，最吸引我的地方是它的'不可预测性'。一开始，你的设计并不清晰，但最终却可能给人以惊喜。建筑品质与这样的状态密切相关。我的工作时常充满着矛盾，我希望把各种不同的，甚至是细枝末节的信息纳入到整体的设计观念中去。在设计之初，我不会不假思索地预先定下一个概念，或是依赖于某种长期使用的材料。砖、玻璃、钢……我会在不同的设计中运用它们。有时候，在周边环境已有的材料里选择新建筑的材料，而有时候却可能有意识地避免与周围雷同。"

罗默逐渐解释清楚了自己的观念，我依然想问问有关细节的问题："这就是你的设计能够不断呈现出多元化的原因吧？你的设计很关注细节，能谈谈这方面的看法吗？"

"细部的意义在于强化设计观念。某些细节可能引领着更好的生活与使用方式，而另一些却可能模糊不清，甚至没有意义。细节需要传递出一种丰富性，但这种丰富性并非一定与造价高低有关。我所理解的丰富性是指细节中的丰富含义，它应当具有多个层次——从周边环境关系到建筑细部。这可以保证建筑在整个使用寿命内的品质。只有这样的建筑，才可能不会被很快拆除，而会通过改造转换为其他功能继续使用。"

"建筑耐久性不是节俭的结果，而是建筑智能的充实和丰富。我希望我们的设计能够在未来被引以为傲，因为它们将经得起时间的考验。比如说我们常设计的学校，在这类建筑里，充分显示了有趣的创造空间和驾驭功能的能力，同时也努力将预算控制在严格的范围内。成本不仅是投资上的严格控制，也在于建成后的品质，以确保建筑更长时间的服务。"

"是的，品质直接与建筑寿命相关。那品质是否仅仅是建造的问题？"我问道。

罗默回答道："高品质还需要创造性的思维，因此，研究在我们的设计中占有很大的比重，我关注很多课题，从儿童到老人，到整个变化着的世界。这不是科学的研究，但研究设计将会极大地丰富设计的内涵。比如在1999年，Wateringse Veld学校设计中，我们增加了一个'运动塔'的构筑物。这个设计的灵感来源便是研究如今小学生越来越少的户外活动时间而导致的超重问题。"

"当今，建筑师的角色已发生了很大变化。社会变得越来越复杂，不能再简单地认为建筑师只是建筑设计师而已，必须要关注到社会的、文化的、哲学的问题。这意味着，建筑师必须在许多领域成为消息灵通人士甚至是专家。建筑师也必须有前瞻性，必须对社会问题极其敏锐，并用于设计当中。比如我曾从事过的青年文化研究，这样的研究并不是直接指导某一个设计，而是关注一个整体的文化现象,比如当我们接受委托要求设计一所学校或是青年旅馆，我们必须追问有关教育方式、发展方向等问题。"

在谈到事务所的发展时，罗默说道："我是一个完美主义者，无论面对最终的设计品质还是在设计过程中，希望人们在事务所里都有追求完美的努力。当然，完美主义是一种理想的追求，并不是说要控制住所有的东西。在我们事务所内部，有定期评估和改进工作的过程，对我们提升自己的管理能力大有裨益。

在事务所里，我们选择人的标准是多样的，包括了对性格、经验、专长、奉献精神和适应性等不同方面的考察。我们希望事务所形成健康、全面的发展模式，从最初的原始概念直到最后的细节都有专业的人才执行，另外，我们也与事务所外的专家长期合作。为了保证每个员工的参与感，事务所定期讨论设计过程中的种种问题。在设计过程中，我本人承担着艺术总监的角色，鼓动与引发出每一个人的能量，并且监控每个进程。"

"你对事务所成员的要求很高。"我说。"对，知识就是力量。"罗默肯定地答复道，"建筑师的职业道路上需要的是一种整合模式，这意味着建筑师需要在很多方面有相应的知识，即使这些知识只是足够决定选择听取哪些专家的意见。我并非无所不晓，但我希望自己能够成为一个多面手，以使设计品质得到保障。"

"那除了建筑师个人的素质之外，事务所在设计品质的保障方面有什么措施？"我问。

罗默回答说："质量是事务所必须控制的生命线。在实践中，我们对质量的控制是一个持续过程。比方说，2002年，我们启动了'荷兰皇家建筑师学会的质量保证方案'（BNA Quality Assurance

Programme）。目前，事务所的内部组织和项目管理便是依据'建筑设计公司模式质量系统'（BNA's'Model Quality System for Architecture Offices'）而设置的，有着一系列对设计质量的控制与审议措施。"

在访谈中，除了开头提及的学生公寓Smarties，罗默重点介绍了一个很有特色的项目——位于阿姆斯特丹东部的一个土耳其与摩洛哥社区中心，包括两个祈祷厅，办公室和教室。通过这个项目，十分清晰地展示了这位女建筑师面对设计时的用心与追求。

这是一个非常特殊的项目，罗默用"熔解"（Fusion）一词来讲述这个设计，因为这是一次难度很大的文化交汇，并最终呈现出整体的状态。这座社区中心实际上是一座清真寺，处于城市多元文化交汇的地段。由于涉及较为敏感的宗教与文化，玛丽丝·罗默事务所将设计目标定义为一个熔于城市的社区的中心。在建筑形象上，

土耳其与摩洛哥社区中心正立面外观

上 工作模型（作者拍摄）

左下 土耳其与摩洛哥社区中心外观

右下 土耳其与摩洛哥社区中心外墙细部

左 Marlies Rohmer为本书的寄语
右 居民参与方案的讨论（事务所提供）

一方面要体现伊斯兰建筑的特色，照顾到少数民族宗教信仰的需求，也需要发展更新、更融入荷兰社会的建筑新形式，以回避可能的文化冲突。这是一个艰巨的任务。设计跳出传统清真寺造型中的尖塔、圆顶形象，用荷兰传统建筑最重要的材料——"砖"作为建筑造型基础语汇，呼应了20世纪初期的"阿姆斯特丹学派"风格，将建筑真正地融入城市。罗默讲述了她如何与社区中的居民交流的故事。的确，在这样敏感复杂的环境中，要实现建筑师的理想，已不单单是创造看起来怎么样的建筑，而是有智慧地思考如何推进它。

访谈结束后，环顾事务所四周，我看到了各种图纸，也看到了像艺术品一般的草图和模型，我深深地感知到了玛丽丝·罗默对建筑的不懈追求。当艺术、细节、建造和社会责任都整合在一个建筑物之中时，它必将产生出全新的意义，最终的结果也必将是美丽的。

（采访时间：2010年6月18日）

（注：除注明外，本小节图片均由Marlies Rohmer提供）

Kas Oosterhuis

3.10 卡斯·乌斯特惠斯 / ONL建筑事务所：用数字接近真相

Kas Oosterhuis / ONL Architects: Touch the Truth by Digital Hands

Kas Oosterhuis（1951），荷兰建筑师与建筑教育家。1979年，Kas Oosterhuis毕业于荷兰代尔夫特理工大学，1987～1988年间，在伦敦AA学院教授硕士课程。之后一年他居于巴黎，并与从事过表演艺术的视觉艺术家Ilona Lénárd女士一同创立了建筑设计事务所。2004年，事务所更名为ONL[Oosterhuis_Lénárd]，目前位于鹿特丹。2007年起，Kas Oosterhuis成为匈牙利注册建筑师。2000年，Oosterhuis任代尔夫特理工大学建筑学院"数字设计方法"课程的教授，并作为学术带头人领导着"Hyperbody研究组"的教学与研究。

Kas Oosterhuis与其ONL事务所长期致力于数字化建筑的研究与实践，并以"人工直觉、批量定制、从文件到工厂"等观念闻名，设计成果获荷兰及欧洲多个奖项。2003年，在法国巴黎蓬皮杜艺术中心开展的"非标准建筑"展览上，Kas Oosterhuis与格雷戈·林恩、R&Sie(n)、FOA、DECOI等其他几位著名建筑师（事务所）一道，展示了数字化建筑设计的最新成就。这是数字化建筑设计在21世纪初的整体亮相。在建筑教育方面，近年来，Kas Oosterhuis也多次赴中国展开学术活动和展览。

在荷兰语中，"Ooster Huis"意为"东边的房子"。似乎，在荷兰这样一个西欧国度，"东边的房了"注定就是要与众不同。无

Kas思想发展历程与计算机技术的发展（作者绘制）

论是领导学院内的"Hyperbody（超体）研究组"，还是专注实践的ONL事务所，Kas Oosterhuis都无疑走在一条与今天大多数建筑师不同的道路——建筑的数字化研究与实践之路。在"Hyperbody"的工作室里，我见到了这位不断执着前行的探路者。

背景

回顾计算机走向普及且功能日益强大的近三十年，将计算机应用于设计的思考与努力就一刻未停止过。从参与辅助性二维绘图，到几近真实的三维表现，直至全面介入设计全过程，计算机通过强大的数据处理能力，深刻地改变着设计的创意理念、方法进程、评价标准与建造程序……数字化设计的浪潮已经涌来——无论我们是否准备好，这已经是一个事实。

然而，建筑中的"数字化"绝不仅是一个简单的技术与工具更新问题，如同针管笔替代鸭嘴笔，或是"甩图板"运动①那样——科学与思想理论的多元化真正促进了这场革新。首先，20世纪60年代形成的非线性科学理论系列（即复杂科学理论，如模糊理论、混沌学、耗散结构理论、非标准数学分析等学科）极大地启发着各个行业的新思路。同时，后现代主义哲学家吉尔·德勒兹（Gilles Louis René Deleuze，1925-1995）对中心化与总体化的抗拒也在思想上推进了这场对规则、统一、标准的反叛，但苦于没有恰当有力的工具，设计中的新实践依然变革缓慢，就像汽车技术再先进也无法满足人类翱翔天空的愿望。计算机的出现，真正冲破了这个瓶颈，尤其是近十余年软件与性能的飞速发展，无疑实质性地为实现这场思想变革提供了强有力的缔造工具。

事实上，数字化的发展过程已经证明，这场变革并不是一味地将传统思想粗暴地推翻，而是变得更加宽广与包容。如今，数字化技术

① 20世纪90年代初，随着计算机辅助绘图的普及，设计单位逐步淘汰手工绘图，并将其作为设计生产模式现代化的重要标志。

通过介入设计过程后的灵活性与数据处理能力，已产生出多元与复杂的视觉文化状态。同时，它更在建筑的功能性、建造可能性、环境与用户反馈性上进行探索，将传统建筑学视野拓展到了一个更广阔的领域。因此，它得以与社会、经济、心理等多个界面相触碰，注定了这是一场21世纪的数字化革命，虽然才刚刚掀开序幕。

探索

Kas Oosterhuis的理论与实践之路，正与这场变革同步前行。阅读这位今天已蜚声国际的数字化设计先行者的作品与理论，不禁感叹"时势造英雄"。

视觉上的颠覆性往往是"数字化设计"的首要特征。从表面上看，Kas Oosterhuis的设计正符合公众脑海中的"数字化场景"——流动、有机、非规则……的确，作为数字化的核心环节——参数化设计方法，已极大地突破了设计者的想象局限，开辟出了无限广阔的新形体领域。通过调节参数，几乎能诞生所有手绘草图难以企及的形象——这足以令率先掌握此道的建筑师兴奋不已。但这不是问题的关键，随着软件的日益普及与易用，技术已不再神秘莫测。若仅从视觉角度上看，热衷于玩弄"前所未有"的形象，

乌得勒支Hessing汽车展示厅

那必然是另一场人脑的悲剧——也远远偏离了这场浪潮背后那深刻的思想背景。

Kas Oosterhuis没有停留在形式的表面，而是触及到了数字化的真正价值：通过对设计原点、数字可编程模型与生产过程的逻辑的前沿探索，改变着建筑的状态。他试图建立起一种革新性的连接，将合作化设计过程中的直觉性与参数三维模型的生产过程的逻辑性连接起来。

与数字化过程中看似"无情感"的数据与软件操作相对，是Kas Oosterhuis看待建筑的角度。他坚持建筑与有生命的身躯一致的观念，认为"每个建筑（Building）都应该被视为建筑体（Building Body）来对待和发展。""建筑体是一个协调的有机整体，大部分组成元素都是为了这个有机体而特别开发的。现代的建筑体不再基于重复，而是基于独特部分的复杂互动。"基于这个思想，"Hyperbody研究组"将"非标准"与"建筑交互"作为研究的关键目标，同时ONL事务所也因在实践中融入了高超的交互式技术而闻名。

"非标准"的观念以开放、并行与动态的设计体系和研究方法，将计算机用于设计生成与建造的全过程，使建筑转型为一种结构、材料和性能"有机组合、复杂关联"的过程，不再拘泥于建筑组件尽量重复一致的标准，且实现了在技术上和经济上的可能。这种转型激发了建筑师与工程师之间新的合作，聚焦于开发建筑的整体结构性能，根据需要，定义曲面上的每一个细节，使之成为结构

匈牙利布达佩斯"中心欧洲时间"（CET）项目外观

和材料的全新可能。

交互思想下的传感建筑研究则是基于生物学中的"群集行为"（Swarm Behaviour）①现象。在Kas Oosterhuis撰写的《群集建筑》（Swarm Architecture，2006）中，提出了"空间就是一种计算"、"建筑成为装置"、"适时行为"（Real time behaviour）等论点，将生物群集行为现象与建筑设计结合了起来。

在建筑中，针对群集行为"依据环境刺激实施动态调整"的特性，便产生了感应与交互的理念。不同的使用者与使用状态，对建筑空间有着各自不同的需求，以静态固定的建筑应对动态需求便存在一个明显的矛盾，因此，在建筑与需求之间建立起了直接关联的理念，便诞生了群集建筑（Swarm Architecture）的方向，通过空间功能转化、面积增减及位置迁移等变化组合，达到某状态下的建筑新平衡。

在此基础上，Kas Oosterhuis又提出了"QuantumBIM"（量子建筑信息模型）的概念。它以群集理论与建筑信息模型（BIM）为共同基础，是一种动态的建筑信息模型，关联着建筑中成千上万个组件，并能够适时对外界刺激做出反应。

观点

2010年10月，在维也纳举行的"媒体建筑双年展"（Media Architecture Biennale 2010）上，Kas Oosterhuis作了题为"迈向一种新建筑类型"（There Is Only A <name> If You Need One：Towards a New Kind of Building）的主题演讲，阐述了"QuantumBIM"等最新的互动建筑理论与实践。他说道："这种新建筑类型基于细节层面上建筑组件的彻底独立性，关联着强烈的社会要素。""所有建筑都随时处于运动状态之中……问题是你只能选择一种——选择一维的静态，还是多维的动态，决定权在你自己手中。"②

有了鲜明的理论，作为建筑师，实践成果当然是最佳检验途径。观察Kas Oosterhuis（ONL）的作品，首先感受到的是其中扑面而来的艺术气息：雕塑般的形态优雅而流畅，材料运用大胆但绝不突兀。在众多规则、方整的荷兰现代建筑中，这样的建筑完全称得上是艺术品。建筑的实际建成，更证明了其功能与技术的可行性。

建筑传递出了计算机生成中的非预测性与复杂性，甚至从外观上容易让人联想到生物体特有的有机性——虽然Kas Oosterhuis拒绝使用"有机"这一描述。他说："我们的设计绝不是对自然的

① 科学家们发现，许多群居动物看似机械的日常行为（如候鸟飞行、蚁群觅食、蜜蜂筑巢），其实质是一个高级的适时调整过程。这种针对环境变化作出的适时调整，并非因为存在一只处于指导地位的领头蚁或领头鸟，事实上，所有个体的地位是平等的——当环境出现变化时，首先由受到环境直接影响的个体依据某种规则作出调整，进而波及邻近个体直至整个生物群体。这种以生物个体行为为基础，受到外界环境因素刺激后自主演化，并在演化过程中不断呈现出群体性质的行为模式即是群集行为。

② http://www.mediaarchitecture.org

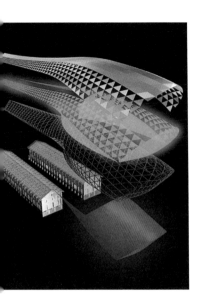

匈牙利布达佩斯"中心欧洲时间"（CET）项目分解图示

模仿，而是对'建筑体'内在逻辑关系的找寻，进而深刻挖掘设计概念的精髓。我们放手让设计思路沿逻辑脉络与直觉两方面自由发展……遵循着与自然进化相似的原理来开展设计。自然孕育出的生命与产品的生命没有什么差别。建筑产品（包括建筑观念与建筑体）的产生过程就是自然的进化过程。"① 对于这一段话，我倒是产生了一个有趣的解读：Kas Oosterhuis心目中的数字化生成，从表象上看，诞生了更有机、更自然的形态，但是这样的形态并非是外观的模拟，而是基于自然的内在进化逻辑而生成的结果。如果用中国古人"师法自然"的观念来比喻，那么，Kas Oosterhuis所"师法"的，不是自然本身的外在显像，而是自然的逻辑。

Kas Oosterhuis十分重视建筑实施的数字优化途径，他提出了"从文件到工厂"的一体化思路：设计生成参考点阵并描述建筑点群，建立计算机与材料制造厂家的直接联系，由此实现对建设费用和设计质量的完全掌控。同时，ONL已经开发了一种技术，实现实时向可调整的结构输入数据，结构则接收数据来改变自身状态。可调整结构可以对变化多端的天气状况进行反馈，适应不同的使用要求，并可节省总结构重量的20%——这便是"实时行为"的观念。

有趣的是，与设计成果表现出的强烈"未来感"相对，当Kas Oosterhuis回顾自己的专业历程时，特别强调了理念的历史根源——来自于荷兰20世纪初的现代建筑运动，尤其是20年代的风格派运动。他说："他们（风格派运动的先驱们）创造出了一个令人信服的捷径，刷新了普适的数学理论，以全新的理念面对整个宇宙。""他们将空间理解为一个'空间—时间'的连续体（continuum），无论是构筑物、椅子还是建筑物，都是这种连续体的密度增量。直到现在，我依然对此确信无疑。""我今天的工作途径可以理解为一种激进艺术与激进建筑的跨界行动。历史上那些激进的思潮依然启示着我们。"

虽然Kas Oosterhuis在多种场合发表了自己的观点，但似乎还不够解答我心中的全部问题。我虽毫不怀疑数字化发展方向在未来的前途，但今天，在整个城市建设中，这样的方式依然是比例很小的"实验"，依然常被冠以"先锋"之名。在代尔夫特理工大学建筑学院众多的studio里，"Hyperbody"也只是其中一员，依然有大量学生在学习着传统而扎实的建筑学设计模式……这些多元共存的现象营造出了一个有趣的建筑学整体图景。因此，我最后想询问的便是这充满对比的现实："与传统的建筑设计模式相比，参数化设

---

① 王达. 数字设计的先锋理念——荷兰ONL建筑师事务所Kas Oosterhuis教授访谈. 城市建筑，2008（10）：23.

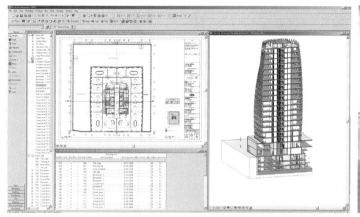

左上 阿布扎比市政中心外观效果图
右上 阿布扎比市政中心设计图
左下 Kas Oosterhuis为本书的寄语
右下 互动墙体（emotive Interactive Wall）

计的优势具体体现在什么地方？"

Kas Oosterhuis明确地将参数化方式置于更为高级的位置。他说："两者并不在一个层面之上，比如说传统设计观念中没有群集的观念，只有独立的问题存在，也无法解决这样的问题。建筑不仅应关注来自室内的各项数据，更应关注外界各项行为对建筑外形的影响。我关注着室内的各项要素组织与外界环境之间的关系——它从头至尾影响着设计的全进程。"

访谈结束后，我希望Kas Oosterhuis写下他对建筑的看法。他认真地想了想，写下："迈向一种新建筑，向（建筑）体前行：①标注你的建筑体；②建造建筑体；③运动建筑体；④进化建筑体。"——而这正是10天后，他在维也纳的演讲的内容。

（采访时间：2010年9月24日，感谢冯瀚给予的帮助）

（注：除注明外，本小节图片均由ONL提供）

互动墙体（emotive Interactive Wall）

Koen Olthuis（作者拍摄）

3.11 科恩·欧道斯：对水的另一种态度
Koen Olthuis: another Attitude to Water

（Koen Olthuis，1971-）毕业于荷兰代尔夫特理工大学，2003年，创办Waterstudio.NL设计公司——目前荷兰惟一专注于漂浮建筑与城市的设计机构。这不仅是源于荷兰的特殊地理条件，更是对全球性气候问题的思考。由于其对水、对生态问题的持续关注与一系列成绩，2007年，欧道斯被美国《时代》杂志评选为年度影响世界人物之一。

愈治水，愈谦卑。与海争地百年，荷兰沉痛地发现，与自然对抗，终将遭受还击。还地于河、接受水患，这是荷兰人要重新接受的新常态。

——王晓玟，"荷兰，从争地到还地"，《天下杂志》（中国台湾）2010（03）

荷兰与"水"：角色的变奏

倔强的荷兰人曾经相信，自己是世界上最能与海抗争的民族。斗争当然是为了更好地共生，但近年来全球气候的变化对荷兰国土安全的威胁再度提升。气候变暖、水位上升将让荷兰人在海洋中无处栖身。拦海筑坝，将海水挡在外面，却极有可能遭受大海更肆虐的反击。"我们用更高的堤防堵住河流，更强的堤坝挡住海水，大自然就以更大的洪水还击，这是徒劳无功的。"荷兰三角洲研究院（Deltares）主任H. J. de Vriend坦言道。这样的忧患意识并非空穴

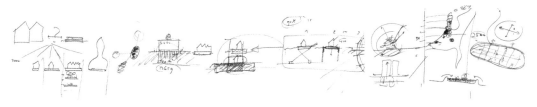

Koen Olthuis在访谈过程中的草图

来风：预计2050年，威胁荷兰国土安全的北海将上升0.4米。到21世纪末，海平面上升可能超过1.3米。不用惊涛骇浪，这"1.3米"就足以给荷兰造成灭顶之灾。

同时，为维护大量圩田的安全与正常使用，风车这一环保的传统动力来源已经无法满足全部需求，而必须每日借助大量水泵把圩田内的水抽至较高位置。水泵运转不但耗费大量能源，更会造成环境污染。随着环保、生态意识的提升，荷兰已经意识到，为避免在人与自然极端对立时可能出现的致命之灾，光靠"堵"和"挡"还不行，必须重新审视"人"与"水"的关系，建立国土安全新思维。于是，荷兰逐渐出现了"还地于自然"（Land Returned to Nature）、"还地于河"（Land Returned to River）以及"去圩田化"（de-polderization）等措施。"水—地"界面也不再完全依赖单一、生硬的堤防来阻止海水倒灌，而以沙为墙，采用沙丘或半堤半沙的弹性自适应结构，甚至炸坝退田还海等措施，让拦海大坝变得越来越"绿色"。[3]荷兰的设计师也开始以多种新思维角度探索"水与生存空间"的关系与对策。欧道斯与他的Waterstudio.NL，便是其中坚定的身体力行者。

与水共舞：欧道斯与他的"水上世界"

欧道斯领导下的Waterstudio不遗余力地支持并实践着生存空间与水"共生"的观念，紧紧抓住荷兰最大、最迫切的"水患"问题，长期致力于"漂浮建筑与城市"的设计研究，通过设计建立水上城市与生活的新关系。如今，这个仅有十余人的事务所，已从早期的独立水上住宅发展为大型水上公寓、片区，近期更迈向了更大的城市尺度，例如海牙西岛项目（Westland）、马尔代夫未来海上浮岛、迪拜漂浮游轮码头等，成为了荷兰设计界极富特色的年轻力量。

为了了解这个事务所的理念与设计，带着问题，我如约前往Waterstudio。事务所门牌上用荷兰文写着"水谷"，告诉我已经到

达了这个未来水上世界的创意之所。由于同为"70后"，在轻松的
开场白之后，我便直接抛出了一个又一个问题。

"将建筑修建于水之上，什么样的技术性问题是最关键的？"
我问道。因为在很多人看来，将建筑修筑于水体之上，一定使用到
了特别的技术。可欧道斯的回答有点出人意料："最难的地方其实
无关科技，而是'观念'。人们始终觉得将建筑或城市修建于水上
是不安全、不稳定的，然而，实际上，水上的建筑只是对建筑基础
进行改动而已。我需要人们相信它是安全的。这就像回到过去——
当第一辆汽车出现时，大家根本难以接受，但现在汽车却已遍地都
是了。"

"事实上，荷兰的景观都是人工的。"欧道斯随手画出简图，
并解释道，"我们围筑堤防，抽干圩田中的水，保持土地干燥。若
没有堤坝，那么，这部分土地将会被淹没。我们竟然有三千多个这
样的地方（圩田）！如果你问初到荷兰的人，他们可能都没有意识
到这一点。在荷兰，人们似乎已经习惯了这样的状态，没有人明白
什么是风险了。美国和中国，也在模仿这样的筑堤方式。实际上，

De Hoef漂浮住宅

我们已经在试图摆脱这种与水的对立关系，学习如何与水更为和谐地相处。我们必须这样做，因为堤防最终不能将水阻隔在外面，这部分土地终将被淹没。"

过去，荷兰的西南部城市有着大量的传统"屋船"，但这种屋船与今天欧道斯设计的漂浮建筑不同。他强调，传统的"屋船"是"house boat"，而现代的"漂浮建筑"则是"floating house"，从本质上看，前者是"船"，后者是"建筑"。"我们的设计完全

HET NIEUWE WATER
studie structuurplan | mei 2009 | basiskaart

上 citadel漂浮公寓总平面图
下 citadel漂浮公寓外观效果图

不同，在漂浮基础之上，将允许建造更大的建筑，并且也稳定得多。在建造漂浮基础时，我们利用泡沫与混凝土来建造，这已经有十分成熟的专利技术了。这样的建筑是'两栖'的：平时建造在浮动地基上，与柱子联系固定，当洪水袭来时，建筑地基将脱离柱子，成为浮动的土地。"欧道斯说。

"建造水上建筑，不单是建筑尺度的问题。"欧道斯阐述自己更为宏观的思考，"过去，人们为了拓展空间，不断向空中建设，

漂浮旋转塔（包含旅馆、会议、接待，120米高，10米深）

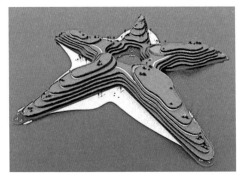

上 马尔代夫未来海上浮岛鸟瞰

下 迪拜漂浮游轮码头外观效果

（平面是边长为700m的正三角形，包含会议、酒店、商业）

出现了大量的摩天大楼。后来，人们向地下索要空间，因此大型公共建筑的地下层也愈来愈深。如今，我希望关注的是城市水平向发展的问题——向宽阔的水面要空间。到2050年，世界人口的70%将生活在城市区域，而大约90%的大城市坐落于水边，必须找到新方法处理好人工环境与水的问题，为应对气候变化做准备。"

在荷兰，从早期建造少量"漂浮别墅"到现在，欧道斯已逐渐向更大尺度的"漂浮公寓"发展。漂浮建筑的理念对社会的影响面也越来越宽，对此，欧道斯充满了信心。他认为，开发漂浮公寓非但不需要更高额的投资去处理地基，相反，可以让基地还原成本来的水体环境——沼泽或湖泊。漂浮公寓的建设将不再是"生态破坏"，而是"生态复原"。让基地恢复为水域状态，使鸟类、鱼类拥有更多的栖息地，居住区也可以拥有更丰富的生态多样性。

欧道斯憧憬着这样的画面："这样的建设对环境没有冲击。如果你要打造一个传统意义上的人工岛，必须要填土，损毁水中的生态，但如果是漂浮岛，水流会从下面流过。鱼类的生活环境也不受干扰。实际上，漂浮社区看起来就像日常普通环境一样，在漂浮的地基之上仍然可以建设建筑与景观，原理都是一样的。"

"那建筑真的是随处漂浮的？如何固定？"我问道。

"在河域旁的漂浮建筑只要用木桩或缆绳固定即可，但若在海水中建设，就得用类似海上钻井平台一样的基础技术，将支撑基座深入海底，利用油压阀，随海平面高度控制升降。"欧道斯解释道："现在这看上去是个与众不同的东西，但未来会变成寻常城市的一部分。那时，你甚至看不出陆地与水上的差异，只是从一般的陆地走到漂浮平台，甚至可能毫无察觉。"

"在海牙，我们有一个重要的漂浮住区设计。我们计划把雨水引到这个区域，形成一个大湖，约有2.5公里长，几百米宽。"欧道斯指着设计图纸介绍道，"现在这里是干涸的盆地，引水过来后，设计水深是 1.8米。这个未来供4000人居住的小区，其实也是暴雨来袭时的疏洪道，反正上面的所有设施都能漂浮，但若建于陆地之上，那就完全禁不起洪水了。所以，未来荷兰将把更多原本从河海夺来的土地变回水道，避免无止境地耗能抽水。漂浮的港口、岛屿、城镇，科技将建构出现代的诺亚方舟，但到底是载舟还是覆舟，人永远也不能胜过水！"欧道斯说。

"但漂浮建筑是否需要更多的特别维护呢？"我提出疑问。

"其实，这样的建筑物与浮动基础并不需要更多的维护。在

the only thing
that is between
us and a new
wet future
is our imagination.
architect should
have one goal :
change perception.

Koen Olthuis.

Koen Olthuis为本书的寄语

浮动基础之上，一切都是正常的建筑建造方式，改变的只是基础而已。设计需要确定的是基础下面的水质、沙子的填埋方式、水流方向等。"

目前，欧道斯的漂浮公寓构想已经获得了政府的支持。在短短五年内，建筑师与政府合作，已修改了许多既有的相关规范，让漂浮公寓已成为了合法的建筑。欧道斯说，如果漂浮建筑这样的构想在未来能够获得大众的支持，许多建筑规划、设计概念甚至会产生革命性的变化。因为房子不再固定于"一块土地"之上，只要居民愿意且法令允许，这些漂浮建筑完全可以在水上重新改变布局，人们的生活模式也必将更为丰富。

末了，我希望欧道斯为中国的读者写下几句话。他告诉我，曾有中国的学生来这里参观，他感觉中国年轻一代很有希望，但似乎突破性的思想仍不够。想了想，他写道："在我们与充满水的未来之间，惟一的东西就是想象力。建筑师必须有这样一个目标：改变观念。"

思考：超越界限，直面未来

欧道斯展示给我们的，虽然仅是一个小型团队的探索，但凭着"超越界限"的精神，勇于担负起更高层次的责任，将一个建筑师的视角，放大到国土安全、综合景观的宏观尺度上，开辟出了一片全新的学术与实践天地。

透彻分析本土问题，并通过创造性的"设计途径"进行解答，更成为了荷兰的建筑师与景观设计师们的整体行动特点。他们的研究课题不局限于"项目"本身，而涵盖了社会、城市、住居、技术、生态等多个层面。在全球高度关注"节能低碳"、探寻"可持续发展"思路的背景下，如何把工作深入到研究地域性、独特性的实际问题中去，而非简单"拼贴"节能措施与口号，成为了访谈结束后，仍在我心中挥之不去的思索。

（采访时间：2010年7月5日）

（注：除注明外，本小节图片均由Koen Olthuis提供）

3.12 代尔夫特理工大学建筑学院：荷兰建筑师的摇篮
Delft University of Technology: The Cradle of Dutch Architects

代尔夫特理工大学[①]（Delft University of Technology，简称TU Delft）的前身是1842年由荷兰国王William二世创建的"皇家工程学校"。建校170年来，代尔夫特理工大学已发展成为荷兰规模最大、历史最悠久、专业设置最齐全的理工科学府，并享誉欧洲及世界，与英国帝国理工学院、瑞士苏黎世联邦工学院、德国亚琛理工大学等高校组成了著名的IDEA联盟。[②]

"技术创新"是代尔夫特理工大学教学与研究工作的重要理念，其建筑学院的办学特色亦十分清晰。代尔夫特理工大学建筑学院（以下简称"建筑学院"）成立于1904年，是欧洲规模最大的建筑学院之一，目前约有3300名学生、300余名教师，开设有建筑学、建筑技术、土地与项目管理、城市规划等专业，在"技术与精神、自然与人工"等辩证哲学思想的指导下开展工作。

21世纪初的这十年，也是科学技术，特别是信息化、数字化技术飞速发展的十年。作为一个旨在引领科技走向的学府，建筑学院的一个显著变化便是倡导其"网络学院"（Network Faculty）理念——借助信息化技术，将校内校外、国内国外的多家研究教学机构整合起来。学生设计选址、教师研究与实践项目也遍布全球。身处其中，能够强烈感受到一种国际化氛围与视野。根据荷兰建筑师执业相关规定，该校硕士毕业后即有资格成为荷兰国家注册建筑师，因此，建筑教育便直接与职业建筑师素质挂钩，这也是荷兰建筑教育的一大特色。

目前，建筑学院共设置了五个系（所）、一个设计学院和两个独立研究室。这五个系分别是：建筑学（Architecture）、城市学（Urbanism，包含了Landscape Architecture）、建筑技术（Building Technology）、房地产（Real Estate & Housing）以及RMIT and Mediastudies。硕士研究的课程为期两年，共四学期，从MSc1到MSc4。整个建筑学院的教学特色主要有：

[①] 关于TU Delft的中文名称，国内有不同的称呼，如代尔夫特理工大学、代尔夫特科技大学、代尔夫特工业大学等。本文根据所搜集到的资料分析，并参照其他西方著名高校的习惯翻译如"麻省理工学院"（MIT），决定采用"理工大学"作为本文的中文称谓。

[②] IDEA 联盟是由四所欧洲著名的理工科大学组成的大学联盟，成立于1999年。它的成员是：伦敦帝国学院（Imperial College London）、代尔夫特理工大学（Technische Universiteit Delft）、苏黎世联邦理工学院（Eidgenössische Technische Hochschule Zürich）、亚琛工业大学（Rheinisch-Westfälische Technische Hochschule Aachen），由其校名中的字母共同构成IDEA。第五所大学巴黎高科（Institut des sciences et technologies de Paris）于2006年加入。

多元化的studio教学

在建筑学院里，没有班级的概念，只有studio的分别，从本科到博士都依循studio进行培养，而除了设计课之外的其他课程，也依不同的studio而有所不同。丰富的studio也正是这所建筑学院最典型的特点，甚至有人形象地比喻：这里就像《哈利波特》里的魔法学校，有着各自不同的主张与立场，研究手段与最后成果也全然不同，彼此之间既有竞争，也有辅助。学生在MSc1、MSc2及MSc3的时间里，可以自由地选择不同的studio方向（整个硕士阶段最多可能有三个选择，当然也可以从一而终），有传统经典的建筑学探索，亦有注重技术层面的钻研，也有新鲜奇特的计算机软件开发与应用以及对未来城市及人类行为的深度探讨……这些方向，并不是一入校便不容更改，而是有多次机会参与到不同团队中去——这恐怕是建筑学院对广大学生最具吸引力的地方。

建筑系馆夜景

左 建筑系馆中心大厅
左中 夏日的花园
右中 灵活使用的公共空间
下 图书馆内景

左 系馆走廊
右上 墙上的建筑大师
右下 楼梯踏步细部

技术性与创新性的结合是建筑学院教学的核心特点。在大部分 studio内（尤其是Interiors、Materialisation、Dwelling等studio），学生除了有主要的设计课指导教师外（一至三位），还有一位职业建筑师作为其技术指导教师，在教学上各司其职。设计教师主持studio的运作，与学生接触最为频繁，关心学生的设计思路、研究方法等问题，总体把握设计方向。设计老师也会主持阅读讨论等课程，开列书单或提供扫描件给学生，并在课堂上讨论，以加强建筑学学生的理论知识与信息量。设计进行到一定阶段后，技术老师会加入，在技术层面进行指导，类似于实际项目在深化推进的过程中有专业技术人员的参与一样。学生必须考虑结构方式、材料与做法、交通流线、立面与细部设计。学生必须绘制各项1/20~1/5的细部大样（多为墙身大样）。若有特殊构造的想法，还需与结构专家请教讨论。

具体地讲，教育方向依各个不同的studio而迥异，教学的概念以 studio为中心，而其他课程则紧密围绕studio而设立。Studio之间的区别很大，大致可分为三类，即"偏向实践"、"偏向理论"以及"两者兼具"，例如偏向实践的Interiors、Materialisation和SMART 等，偏向理论的Future Cities - The Why Factory、Urban Asymmetries -

Delft School of Design (DSD) 以及两者兼具的Building Typology、
Architecture & Dwelling、Architecture & Public Buildings、
Hyperbody: Non-standard and Interactive Architecture等。

团队合作

正如前文介绍的，建筑学院的国际化程度相当高，而荷兰人
做学问的传统则为团队合作与小组讨论。例如，建筑系里除了某些
studio在MSc1时是2～3人一起做设计外，其余大都是在前期研究
阶段进行小组合作，设计阶段则专注于自己的设计。Real Estate &
Housing系中，更有课程进行角色扮演，学生分组分别扮演开发商、
政府部门以及设计机构，彼此间进行激烈的辩论，最后能为本角色
获得最大利益的小组拿到最高分。这样的讨论能够最大程度地激发
学生的思考深度与速度，同时，对很多中国学生而言，这样的讨论
方式也是一种压力——必须开口说话。在讨论课上一言不发将不可
能获得高分——即使最后的图纸画得美轮美奂。"三人行，必有我
师。"在这样的压力下，不仅可以训练语言表达能力，更可以师法
他人，了解到不同国家与文化群体的人的思考方式，通过洞悉他人
的观点，进行自我反思，达到事半功倍之效。

模型制作

模型制作可谓建筑学院一大特色，这个特点与其重视技术性、
实践性高度相关。每到临近交图的前夕，中心大厅（模型制作室）
内座无虚席，两侧工作间内的各型模型机器也通宵达旦地工作。依
据不同studio的特点，模型制作也有各种不同风格。有一丝不苟的手
工模型，有利用三维打印机打印出的"参数化设计"，也有利用激
光雕刻机刻出建筑构件再精心组装的。

学生对模型极为重视，也乐于思考。我不由得想起一件事情：

一日中午，路过系馆大厅，因为交图季刚刚结束，厅内寥寥无
人，只见两个学生在埋头苦干，过去一瞧，俩人正在做卡纸模型。
见到我，其中一人问我，你看这个该怎么处理？原来他们想做出一
个可分解的模型，反映新建部分的内部空间，但若按照正常状态做
完，中间大厅扩建就看不到了，去掉一部分后建筑的整体形态又交
代不清楚。其中一位同学有些焦急地说："这一周我们问了很多
人，还是没找到最好的方法。"

坦率地讲，我有点惊讶于他们对待模型的态度——不轻易接受

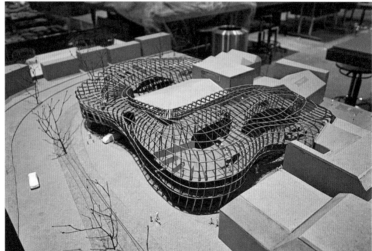

上 学生作业模型（1）

中 学生作业模型（2）

下 制作过程中的模型

一个容易想到，但并非最佳解答的方法，也不愿轻易放弃自己对模型"干净、清晰"的愿望，甚至对我提出的在切剖面上涂上颜色这样"直观"的方法也不满意——虽然这是表达切剖关系最浅显的方式。他们的理由也很简单："建筑师知道黑色意味着切剖，非专业者却可能迷惑啊。"于是，他们在不断地纠结之中缓慢前进，执著得有些可爱。

毕业设计

与所有建筑学院相同，毕业设计永远是衡量教学质量的最重要

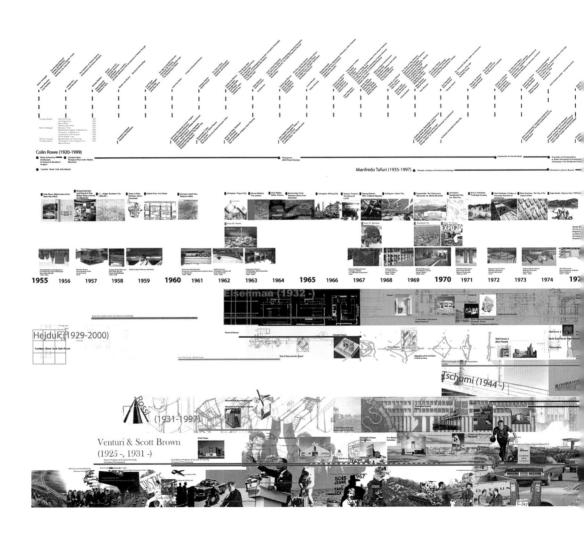

建筑与社会时间简图（研究生绘制，TV Delft 建筑系提供）

标尺，也是学生生涯的压轴戏。硕士阶段的毕业设计为期一年，由MSc3和MSc4两阶段组成，学生必须在MSc2学期结束前选定毕业设计参与的studio。学生需要参加各studio的说明会（由各studio的负责教师主讲，阐明该studio的研究方向等信息，颇有些招兵买马的感觉），最后通过学校网站选课系统选取该studio。一年的毕业设计中，共有5次评图，分别称为P1、P2……P5（presentation的简称），其中具关键影响的是P2与P4，可判定该生毕业设计是否可以继续下去，即常说的"go or no go"，得到"go"的学生即可继续发展，反之则会被延后毕业。P4以后，通过的学生基本确定能够毕

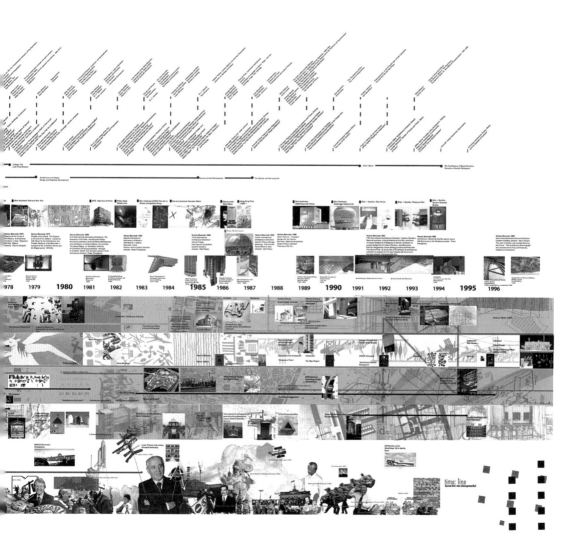

设计答辩

业，但还需充实图纸，制作更精美的模型，用于P5。与国内毕业形式不同，P5结束后，便有一个小型的仪式，当场颁发毕业证书，因此，学生通常邀请些好友参加自己的P5答辩。由于P5就是一个检验与授位的仪式，不具有太多悬念，因此有的老师称之为"party"而非"presentation"，走到这个阶段，学生大可放心狂欢了。中国学生中不乏获得了毕业设计高分者，有些还被选送入荷兰的毕业设计展，十分不易。

以多元化为立足点，涵盖多个建筑学研究领域，学术精神、技术与创新并重，强调动手与质疑……这些都是代尔夫特理工大学建筑学院表现出来的特色与优势。这些特点也清晰地反映了荷兰人务实但又重视创新的民族特点。我在建筑学院参与教学期间，深深地感受到了这样一种整体特色。规模如此之大的建筑学院，遭受2008年火灾重创后，依然能够保持教学的高品质，从这所学校走出去的优秀建筑师也成为了荷兰建筑界的中坚力量，因此，就不难理解这里的毕业生无需任何考试便可获得国家注册建筑师的缘由了。

3.13 贝尔拉格学院：这是怎样的"体制外"？
The Berlage Institute：Postgraduate Laboratory of Architecture

　　见过小的，没见过这么小的！以前在国外也见过一些规模不大，但水平很高的建筑学院，但这次来到鹿特丹的贝尔拉格学院（the Berlage Institute)，还是给了我一个巨大的惊奇。贝尔拉格学院以荷兰现代主义大师贝尔拉格（Hendrik Petrus Berlage，1856-1934）的名字命名。贝尔拉格是一位跨世纪的承前启后的人物，他在瑞士学习建筑，受19世纪德国建筑师散帕尔（Gott-fried Semper，1803-1879）的影响，在建筑设计中注重理性的真实性，代表作有阿姆斯特丹证券交易所。

　　仰慕贝尔拉格已久，直到赴鹿特丹与老同学宋小超见面，得以近距离观察。小超是我的大学同学，本科读的是城市规划专业，在上海工作几年，又赴贝尔拉格学院求学，执著精神令我钦佩。有他在这里，我有机会多次参与评图、讨论，感受颇为真切。荷兰政府于1991年出台的第一部建筑政策的实体化成果就是两所成效显著的建筑中心——NAi（荷兰建筑师协会）与贝尔拉格学院，它们为荷兰建筑环境的持续健康发展奠定了重要的基础。现在的贝尔拉格学院位

左 学院LOGO
右 学院主入口

于鹿特丹，首任院长、创始人是荷兰著名建筑师、教育家赫茨伯格（Herman Hertzberger），经过短短20年的发展，已经成为享誉世界的重要建筑教育阵地。但贝尔拉格并不是荷兰公立大学编制，说得通俗一点，这个学院属于"民办"院校，为"体制外"的编制，其学历尚不被官方承认。但是，就是这样一个学院却几乎成为了荷兰建筑教育界的一面旗帜，也是荷兰与国际建筑界的重要交流阵地。其重要原因之一便是"大师"办学与任教，比如赫茨伯格、阿尔多·凡·艾克、弗兰普顿、维尔·阿雷兹、库哈斯……在这里，时常能见到耀眼的大师明星，有自由、多元、独立的思考环境，对于学生而言，有着不可比拟的吸引力。

"小"，是我进去后头脑里面始终存在的一个词。与代尔夫特理工大学的建筑系相比，贝尔拉格学院的规模几乎只相当于它的一个角落。学校位于Blaak广场附近的一栋旧建筑中，主要教学空间只有一层，原有功能为银行。这一层包括了工作室（一、二年级共用）、阅览室、讲堂、模型室、小餐厅等，非常紧凑地组织在一起。学院还有一个地下室，里面居然有一个废弃的银行金库，双层混凝土墙，金库被一圈全黑的通道围绕。小超带我走了一圈，很是刺激。这个与世隔绝的小空间，成为了学生讨论的最佳场所。

现在在读学生不过70人左右，而且居然还是金融危机后扩招的结果！不同体制下的教育模式，有着不同的特征与生存发展之道，这一点颇值得我们思考。看着墙上一个个大师讲座的预告，不禁对这样的学校肃然起敬。在讲座预告中，赫然出现了埃森曼的名字，他在2011年1月来贝尔拉格，算是大牌了。但有趣的是，当年贝尔拉格的精神领袖凡·艾克却异常反感和不屑此人，认为这些后现代明星只会玩弄形式这些虚招子。他个人反感也就罢了，还给学院定下一个规矩：永远不许埃森曼、格雷夫斯等人踏进贝尔拉格的大门。这个规矩直到凡·艾克去世也没有打破。真是个敢说敢做的老头！如今凡·艾克去世十年了，江湖恩怨也该淡忘了吧。于是，埃森曼也要大老远飞过来了。世界正在变得和谐……

我曾与早年毕业于贝尔拉格学院的朱亦民建筑师交流，他认为贝尔拉格对他的影响来自于多方面。与大师的零距离接触是最为显现的优势，对于年轻人来讲，这无疑是很有吸引力的："在贝尔拉格经常能看到一些只在杂志和出版物上见到的著名人物，这也许算得上是这里的一道特殊风景了。"更进一步，这样的零距离接触更"有助于学生去除掉不切实际的肉麻的想象和偶像崇拜，尽快培养

上 主工作室

中 工作中的学生

下 学生作业一角

左 由银行金库改装的讨论空间
右 休息区一景：墙上的讲座海报大师云集

独立的思想和判断力。"

　　建筑创作实践的思想独立性相对容易实现，建筑教育的思想独立性实施起来是更加难能可贵的。"这种独立性，不可否认，首先来自于与社会现行体制之间保持应有的距离。从这一点来看，贝尔拉格这样看上去不合常规的机构就有了它必然的合理性。"（朱亦民）也许，我们还应该看到这个学校之外的土壤，那就是整个国家的创造性与独立性。因此，"实验与研究"是贝尔拉格教学的核心价值。贝尔拉格学院定位为国际性的建筑、城市、景观实验室，刺激了整个荷兰的建筑设计及建筑教育的发展。贝尔拉格学院的教育注重培养学生对城市与建筑及其涉及的社会、政治、经济、环境等各方面因素的分析研究能力，并在此基础上提出建筑师的解决方案。学院鼓励多样化、差异性的存在，自由的学术环境让学生找到自身定位。

　　（在与华南理工大学朱亦民老师的数次交流后，对贝尔拉格学院加深了认识，在此深表感谢！）

上 彼得·埃森曼在演讲中

中 毕业答辩中的学生（白衣
者为宋小超）

下 毕业答辩中的评委

结语：
值得尊敬的对手
Holland: A Respectable Competitor

2006年，CCTV推出了系列纪录片《大国崛起》，荷兰也荣列其中。荷兰的"大国"身份，在中国得到了某种程度上的官方定位。而在荷兰逐渐成为西欧强国、海上霸主的时期内，我们的国家正以一种绝对自信的心态傲视全球。但危难总是从傲慢中潜入的，"千里之堤，溃于蚁穴"，这样的自信很快被撞击得粉碎。从19世纪中叶开始的几乎一个世纪里，这个曾经最强大的国家便陷入了重重危机，被那些面积狭小的"大国"欺凌得晕头转向，苦不堪言，卑微地完成了一个国家从"大"变"小"的过程。

这里不是无意地偏题，也不是在这本书里矫情地诉"苦"，正如《大国崛起》的制作初衷——摆正心态，关注一个国家从"小"变"大"的原因，在当下也许更有意义。"强"与"大"总是联系在一起的，具有明显的比较含义。人们都说：世界很小，是一个村子。但这个村子并不是到处都充满无条件的亲情和温馨，合作、协同、尊重的大趋势背后，依然是竞争，只是手段正变得更加文明和规则。只要国家与民族的概念还存在，竞争就是一个挥不去的话题。我们不畏惧竞争，也欢迎竞争，只要公平而透明，因为一个优秀的对手绝对胜过一个窝囊的队友。

荷兰就是这样一位值得尊敬的优秀对手。它以相当于中国1/85的人口数量创造出的建筑成就值得我们肃然起敬。这份尊敬不是给予它的发展速度和规模，而是一种将不可能转化为可能的勇气与毅力。

暮色中的鹿特丹港

　　荷兰建筑师是称职的。今天的荷兰富足而优越，这份富足建立在曾经的泥洼沼泽地之上，令人难以置信。坚韧、聪慧的生存之道使荷兰懂得如何化劣势为优势，建筑之道也正是如此。作为建立于自然环境之上的人类创造物，首先要解答的是，如何将主观需求与现实条件创造性地协调起来。这是一句朴素的建筑产生的道理，但做得好的并不多，所以，即使建筑司空见惯，但真正称得上好建筑的却并不是我们想象的那么多，尤其是在快速前进的发展中国家里。界定需求、认清条件，在此基础上还需要注入足够的创造性——好建筑才可能诞生。荷兰建筑师做好了这三点，是称职的。

　　荷兰建筑师是多样的。文中已经提到的"荷兰性"给荷兰建筑和建筑师戴上了一顶具有民族特色的帽子。但仔细品读荷兰建筑，与荷兰建筑师交流学习，我们不难发现，由几位国际级大师支撑起来的荷兰建筑设计品牌之下，依然活跃着众多丰富多样的风格走向。即使在荷兰几乎等同于我们一个城市的人口基数内，差异性、个性化、多样性依然是一个建筑师与市场追逐的目标。如果说我们追求差异性是为了宣扬一种性格与姿态，那么，荷兰建筑师所建立的差异性则带有实质性的诉求——狭小拥挤的国家资源使得差异性变成了一种自我身份认同的基本方式，也可以说，只有差异才能带来生存。

　　荷兰建筑师是谦卑的，正如在荷兰广为流传的一句话："Knowing that, in a small country like the Netherlands, it pays to think big."谦卑中透射着信念。这份谦卑不是唯利是图的阿谀，而是在面对具体的自然与社会场景时，荷兰建筑师会自然恭敬地将建筑设置于这个重要的基础之上，用不同的方式传递着建筑重要的社会性与介入性。这份谦卑还包含着理解与尊重，在不同的文化背景下，以"商人"的姿态与"顾客"对话，以"商人"的心态建立设计的准则。荷兰的重商传统积累了可称为实用主义的国家精神。"当一个社会的中心目标就是赚钱，尤其是通过国际贸易时，任何虚伪的抱负都会被淘汰，树立的则是（有时是残酷的）实用主义。对一个好的设计和建筑来说，这都是相当重要的特点。但是，如我们在中国所见，实用主义本身并不是创新或创造力的驱动力。[①]"

　　荷兰建筑师是坚忍的。"耐得住寂寞"这句话极少会用于中国建筑师身上，而对于荷兰同行而言，当前的主要矛盾则是日益增长的思维创力与疲软的建筑市场之间的矛盾。对于一线建筑师，

---

① Neville Mars. 生于低地之国. 城市·空间·设计, 2009(03).

尤其是叱咤风云的国际大师而言，项目和钞票是自己送上门去的，而对于众多青年建筑师而言，如何在冷清的市场中找准自己的定位并获得锻炼，依然是一个群体性的问题。在我交往的青年建筑师之中，有专注于私家住宅改造的，也有长期参与各类竞赛的，还有投身于组织活动、创办杂志的……无论从事的是哪样的工作，其耐心、细致的程度远超我的想象。

在荷兰平整且规则的土地上，建筑的创意犹如大地上的明珠，与这个背景相映生辉。荷兰美学没有过多地受到古典艺术的影响，而是以纯粹而理性的自在获得了更多当代的认同，既有实用主义的谨慎保守，也不乏乌托邦式的浪漫与情怀。这种浪漫与香榭丽舍大街上的热吻不同，让一块原本几乎无法居住的泥泞地上盛开出耀眼绚烂的郁金香，这样的浪漫有几地可比？

想起2011年10月，台湾"云门舞集"的创始者林怀民先生在香港中文大学作了一场演讲，题目是"在水泥地上种花"。真正的浪漫与勇气正是这样的情怀，化不可能为可能，坚定而执著。这也正是荷兰建筑师所坚守的态度。

今天的中国，实用主义的地位事实上早已远超荷兰。这已经是一个浅显的现象，无论我们是否愿意承认。文化、信念、精神……早已不是不食人间烟火的神仙，早已搭乘经济快轨享受高速变幻的风景。我作为同一列车上的乘客，自然无权对他们指手画脚。当紫禁城已经向财富低头[①]，名胜风景被悄然私有[②]，我们的危机已在眼前。瑕不掩瑜，但依然不能作为借口。实用的底线是道德。建筑学建立着人性需求与自然条件之间的纽带，获取建筑应有的价值当然是天然的目的。价值的关系与评判，便又成为了一个不折不扣的伦理与道德问题。

2010年"威尼斯双年展"总策展人妹岛和世说："21世纪已经开始，很多事情正在改变。我们考虑，建筑能否让新的价值观变得清晰起来，能否出现一种新的生活方式。我们仍然相信建筑可以有所作为。这是关于建筑可能性的实践，在新的社会和自然环境中，用不同方法创造新建筑，用一种新的方式来生活。"

的确，"建筑可以有所作为"。谨以这本册子记录我在荷兰的所见所得，更将它赠与我们的对手。

实际上，这个对手是可以称为老师的。

---

① 意指故宫内设置高端私人会所等事件（2011），可参阅相关媒体。
② 意指近期杭州西湖、长沙岳麓山等公共资源被私有化的现象，只需搜索"自然资源、风景名胜、私有化"等关键词，相关新闻便扑面而来。

参考文献
Reference

[1] 巴特·洛茨玛. 荷兰建筑的第二次现代化. 世界建筑，2005(07).

[2] Hugh Aldersey-Williams : Natinalism and Globalism in Design. Rizzoli. 1992, P.40.

[3] 皮尔·维托里奥·奥雷利，勒默尔·范·托恩，乔基姆·德克莱克，德里斯·范德·费尔德.从现实主义到现实: 荷兰建筑的未来.

[4] Egbert Koster. Ideal Buildings vs. Built Ideas-the Netherlands, a+u, Vol.475, 2010(04).

[5] 曲蕾.荷兰社会住宅的运作方式及其在城市更新中的作用, 国外城市规划,2004 Vol.19, No.3.

[6] 张为平. 荷兰建筑新浪潮——"研究式设计解析". 南京：东南大学出版社，2011.

[7] 中国中央电视台. 大国崛起——荷兰. 北京：中国民主法制出版社，2006.

[8] Ole Bouman. Architecture of Consequence: Dutch Designs on the Future. Netherlands Architecture Institute, 2009.

[9] Hans Ibelings. (1999). 20th Century Urban Design in Holland, Nai Publishers, Rotterdam, Holand.

[10] Gert de Roo and Donald Miller (eds.). (2000). Compact Cities and Sustainable Urban Development. Ashgate Publishing Limited, England.

[11] Abrahamse, J.E. et al. (2007) Eastern Harbour District Amsterdam: Urbanism and Architecture. Rotterdam, NAi Publishers.

[12] Amsterdam Docklands. (2007) History of Eastern Docklands Amsterdam.

[13] Amsterdam Physical Planning Department. (2001) PlanNet Europe: 1st European Planning Law Network Meeting – Environmental Impact Assessment in Urban Planning. Available from: http://plannet.difu.de/2001/reports/pdf/netherlands.pdf.

[14] Arnoldussen, E. (2006) Amsterdam and its puffballs. Available from: http://www.megacities.nl/lecture_8/75-78puffballs.pdf .

[15] City of Amsterdam. (2001) Taking good measure: Monitoring Urban RenewalProgrammes.

[16] City of Amsterdam. (2004) Amsterdam ambitions: Behind the scenes of the Amsterdam Development Corporation.

[17] Kas Oosterhuis. Hyperbodies-Towards an e-motive Architecture. Princeton Architectural Press，2003.

[18] Hyperbody Research Group，Delft University of Technology, Netherlands. [2005-8-21] http://protospace.bk.tudelft.nl/.

后 记
Postscript

本书的开端已经提到，去荷兰访问学习，是带着目的与困惑的。现在虽不能说解开了所有的疑惑，却也称得上感受良多，但要将这些感受写成有资格印刷出来的文字，依然觉得困难重重。一方面是回国后自由时间的匮乏；更重要的另一方面是，作为一本书，需要有一个清晰的逻辑体系来表述这些感受，并阐述其缘由——这一点一直是我诚惶诚恐的地方，因为自己显然谈不上是荷兰设计领域的专家，仅凭自己的一些热情、一些观察，犹如蜻蜓点水，能否把这些问题说清楚，能否避免片面性的缺陷甚至错误，是我直至现在都有些惴惴不安的原因。

虽有困难，但历经两年的努力，最终还是把书稿完成。这些文字与摄影，作为了我对自己预设问题的答卷。当然，这份主观题不存在唯一的评分标准。它仅代表了我在有限学识与精力范围内的一次努力，希望这点努力能够传递给读者一个基本的"荷兰印象"，使读者了解到这个颇有特别的国家里一些故事。坦率地说，书写荷兰的目的，并不是宣传荷兰本身——这一点他们已经做了太多卓有成效的工作。这本关于"荷兰"的小册子，从我自己内心来讲，实际上是写给"中国"的。我真心地希望我们这个人口是荷兰80余倍的国家，能够在设计、建设领域做出更多值得称颂的东西。

"学而不思则罔。"只要稍加留意便知，在过去的半个多世纪以来，我们从不缺乏向国外学习的热情，虽然有时候"学习"被降格为"拿来"、"盲从"、"模仿"甚至"抄袭"。一个已基本实现经济总量强盛的国家，必然渴望在文化上也占据一席之地。频繁的国际交流将众多先进经验呈现在眼前，有时候甚至不必走出国门，那些"先进经验"早已积极送上门来。在这个轰轰烈烈的国际大"交流"过程中，我还是希望能够冷静地提出几个问题：国外先进经验、技术、产品是否被已被我们消化为自身的营养？在学习的过程中，哪些东西是真正适合我们的？他们是如何做到这样的成绩的？……在快速追赶的过程中，如此的追问可能常常是难以顾及的。

因此，对荷兰的粗浅观察，成为了我试图回应这些问题的小部分答案。同时，相对放松的访问过程使得这本小册子不是刻板的说教，而是以我个人眼光感知到的一个世界。无论它是浅薄也好、片面也好，我想，只要最终能引起些许思考，那这几年的投入就没有白费，就不是在干一件无聊的蠢事。

诚挚感谢重庆大学建筑城规学院的各位领导、师长、同事们多年来对我的关心与鼓励，感谢代尔夫特理工大学多名教授及所有在荷兰帮助过我的朋友们，更要感谢书中访谈的建筑师们，向我敞开心扉地谈论了自己的专业见解，不仅为本书提供了素材，更为我上了一堂堂奢侈的私人"设计课"，令我受益匪浅！

感谢中国建工出版社陈桦女士的信任与大力支持，最大程度地保证了本书的品质。

将本书献给我的家人，是你们的理解和宽容，使我能够在并不宽裕的业余时间里做了这么多看上去并不那么重要的事情。

褚冬竹

2012年4月22日草拟于太原机场

2012年4月25日定稿于重庆